Paulo Andre B. Barroso

ESTRUTURAS METÁLICAS RETICULADAS ESPACIAIS

© Copyright 2023 Oficina de Textos

Grafia atualizada conforme o Acordo Ortográfico da Língua Portuguesa de 1990, em vigor no Brasil desde 2009.

Conselho Editorial Aluízio Borém; Arthur Pinto Chaves; Cylon Gonçalves da Silva; Doris C. C. K. Kowaltowski; José Galizia Tundisi; Luis Enrique Sánchez; Paulo Helene; Rosely Ferreira dos Santos; Teresa Gallotti Florenzano

Capa e Projeto Gráfico Malu Vallim
Preparação de figuras e diagramação Victor Azevedo
Preparação de textos Hélio Hideki Iraha
Revisão de textos Natália Pinheiro Soares
Impressão e acabamento Mundial gráfica

Dados Internacionais de Catalogação na Publicação (CIP)
(Câmara Brasileira do Livro, SP, Brasil)

Barroso, Paulo André Brasil
Estruturas metálicas reticuladas espaciais / Paulo André Brasil Barroso. -- 1. ed. -- São Paulo, SP : Oficina de Textos, 2023.

ISBN 978-65-86235-95-1

1. Aço - Estruturas 2. Arquitetura - Brasil 3. Construções em ferro e aço 4. Engenharia estrutural 5. Estruturas metálicas I. Titulo.

23-162179   CDD-624.182

Índices para catálogo sistemático:
1. Estruturas metálicas : Tecnologia : Engenharia estrutural 624.182

Tábata Alves da Silva - Bibliotecária - CRB-8/9253

Todos os direitos reservados à **Oficina de Textos**
Rua Cubatão, 798
CEP 04013-003 São Paulo Brasil
tel. (11) 3085-7933
www.ofitexto.com.br   e-mail: atendimento@ofitexto.com.br

APRESENTAÇÃO

Este livro, destinado aos profissionais engenheiros e arquitetos que trabalham com estruturas metálicas, é extremamente didático, e seu autor é criativo ao extremo ao desenvolver seus projetos estruturais.

Atualmente os projetos com estruturas metálicas têm ganhado espaço na construção civil, uma vez que parâmetros diferentes vêm sendo pensados para analisar as vantagens do seu uso nas obras. Em geral, o ensino em faculdades de arquitetura pela nossa tradição só se fixa em concreto armado. As construtoras e clientes estão também acostumados a pensar em concreto armado como solução para um projeto considerando apenas o custo direto, sem levar em conta os inúmeros itens que compõem uma obra.

É desnecessário dizer as vantagens imediatas das estruturas metálicas nos países desenvolvidos, e, na realidade, em grandes cidades de nosso País cada vez mais elas se apresentam como alternativa válida.

Há casos em que o uso de estruturas metálicas é tão disseminado que elas já surgem como solução direta e não como alternativa, por exemplo, quando são necessários grandes vãos sem pilares intermediários: em centros de distribuição, construções esportivas, indústrias e todo tipo de obra que em geral necessite rapidez e liberdade espacial.

Ainda de maneira tímida, estruturas de aço têm sido usadas em edifícios altos, porém o comentário usual é como se o projeto fosse uma exceção. Para desmitificar de uma vez por todas as ideias que impedem a escolha dessa solução, nada como um autor como Paulo Andre, profissão engenheiro-arquiteto, que não existe mais em nosso País e é cada vez mais necessária.

O livro, além de conter interessantíssimas histórias sobre as estruturas de aço e de alumínio em geral, detalha totalmente o projeto das estruturas espaciais, assunto no qual o autor teve a oportunidade de trabalhar com Cedric Marsh, a maior autoridade da área. Mas não é só isso: completando o comentário, o livro é norte-americano, uma clara explicação de como projetar e calcular (parece um manual de uso), e germânico por detalhar tudo, realmente tudo que alguém necessita para projetar, calcular e montar essa estrutura.

Com essas duas características e mais os exemplos de obras construídas em aço e principalmente em alumínio, com o conceito de estrutura espacial, podemos dizer que o nosso arquiengenheiro realmente esgotou o assunto.

Parabéns e obrigado pela aula.

Sergio Teperman
Arquiteto

SOBRE O AUTOR

Paulo Andre B. Barroso é formado em Engenharia Civil pela Universidade Federal do Ceará (UFC, 1975), com especialização em Cálculo de Estruturas pela McGill University, do Canadá (1977), e mestrado em Engenharia e Arquitetura de Tenso-estruturas pelo Institut für Membran- und Schalentechnologien e.V. – Hochschule Anhalt (FH), da Alemanha (2008). Em 1981, realizou um seminário técnico sobre projeto de estruturas metálicas em alumínio na Universität Fridericiana Karlsruhe, da Alemanha, como bolsista da fundação Krupp/DAAD-CDG.

De 1977 a 1992, fez parte do corpo técnico da Esmel Indústria de Estruturas Mecânicas Ltda., uma das maiores empresas fabricantes de estruturas metálicas do País, onde foi sócio e diretor técnico.

É proprietário da Technica Consultoria e Projetos Industriais Ltda., fundada em 1992 e especializada em projetos de estruturas metálicas em aço e alumínio, e da Tensor Estruturas Especiais e Tecnologia Ltda., fundada em 2002 para lidar com projeto, fabricação e montagem de coberturas tensionadas, um novo ramo da engenharia e da arquitetura para coberturas.

Em seus mais de 45 anos de profícuo trabalho como engenheiro estrutural, teve a oportunidade de acompanhar a implantação de inúmeros projetos de sua autoria, somando ao todo aproximadamente 6.000.000 m² em áreas metálicas construídas. Algumas das obras metálicas marcantes de sua vida profissional, não só pela inusitada beleza arquitetônica, mas também pelo desafio estrutural que propuseram, foram o Museu de Ciência e Tecnologia da Bahia, em Salvador, o Ginásio Poliesportivo de Campina Grande (PB), o Ginásio Poliesportivo Dirceu Arcoverde, em Teresina (PI), e a torre-monumento Luzeiro do Nordeste, em Juazeiro do Norte (CE).

O museu, executado em 1978, é uma grande estrutura espacial em alumínio suspensa em cabos de aço e com torres nas extremidades do vão de 60 m, que permanece até hoje como a única do tipo no Brasil. Os ginásios poliesportivos, construídos respectivamente em 1984 e 1995, são cúpulas geodésicas em reticulado espacial de casca dupla com vãos de 80 m a 90 m de diâmetro, com poucas similares no País. A torre-monumento, inaugurada em 2005, tem 115 m de altura e foi toda projetada em aço patinável, sendo a única no Brasil e, talvez, na América do Sul.

PREFÁCIO

Museu de Ciência e Tecnologia da Bahia, em Salvador. Estrutura espacial em alumínio projetada no sistema M-Deck pelo professor Cedric Marsh em cooperação com este autor. Trata-se da primeira estrutura espacial de cobertura no Brasil, suspensa em cabos de aço com vão livre de 60 m e espaçamento entre torres metálicas de suporte de 20 m. O portão da entrada principal, com suas partes fixas e móveis, ocupa toda a fachada do prédio e foi decorado com uma escultura/painel do famoso artista baiano Mario Cravo. Execução da Esmel Indústria de Estruturas Mecânicas. Inauguração no ano de 1977

Desde o início dos anos 1980, com o barateamento e a possibilidade de aquisição de computadores pessoais por pequenas empresas ou profissionais liberais, novos e ousados sistemas estruturais metálicos vêm sendo aplicados na indústria da construção civil. Inicialmente na Europa e na América do Norte, especificamente nos Estados Unidos, e mais tarde na Ásia e no Oriente Médio, países em franca evolução econômica utilizam estruturas metálicas nos mais diversos tipos de edificação, desde os simples galpões para pequenas indústrias ou depósitos até os mais complexos centros esportivos, aeroportos, pavilhões de feiras e exposições e prédios residenciais de luxo.

Cada vez mais, no mundo desenvolvido, as estruturas metálicas vêm se apresentando como a solução unicamente viável. Construções como a esplendorosa torre de Burj Al Arab seriam impossíveis de serem executadas com outro material que não os perfis metálicos.

Seguindo essa tendência, a indústria nacional sofreu grandes transformações, cujos resultados trouxeram imensos benefícios quanto à melhoria da qualidade dos produtos relacionados às estruturas metálicas. Novas estratégias nas políticas internas de gerenciamento das empresas fabricantes, novos equipamentos e treinamento intensivo da mão de obra industrial hoje oferecem à indústria brasileira a oportunidade de desenvolvimento de um grande mercado interno, a exemplo do que já fizeram a Europa, a Ásia e os Estados Unidos.

Dentro do contexto das estruturas metálicas em geral, destacam-se as treliças espaciais, ou reticulados espaciais, cujo sistema produtivo e montagem em campo oferecem uma das maiores taxas resistência/peso, sendo, portanto, muito econômicas e arquitetonicamente belas e funcionais.

Uma das maiores coberturas do mundo foi construída em 2010 em Abu Dhabi, nos Emirados Árabes Unidos: The Ferrari World. Essa imensa e complexa estrutura é formada por uma enorme malha espacial em perfis tubulares de aço, com envergadura em seu lado maior de 650 m e, no sentido transversal, de 100 m. Tem uma área coberta de aproximadamente 200.000 m² e é composta por 125.300 tubos de comprimentos variáveis, cuja soma alcança 400 km, e 32.100 nós esféricos forjados em aço especial. Graças a seu sistema construtivo, ela foi projetada, fabricada e montada em menos de dois anos.

Outro exemplo é a malha espacial do saguão de entrada do Aeroporto Internacional de Brasília (DF), ilustrada a seguir.

Este livro foi desenvolvido especialmente para os estudantes e os profissionais de Engenharia Estrutural e de Arquitetura no Brasil que, de posse de um espírito inovador, gostariam de dar um salto qualitativo em seus conhecimentos, utilizando em seus novos projetos essa moderna técnica construtiva. Para os que já tiveram a experiência da aplicação de estruturas espaciais, aqui são apresentados de forma mais profunda conceitos atuais e novas ideias para seu projeto e cálculo.

Abrangendo desde as definições técnicas conceituais dos elementos construtivos de uma treliça espacial, também conhecida como malha espacial, até os aspectos mais característicos de seu cálculo, este é um compêndio dedicado ainda aos detalhes de peças, apoios, telhamentos, fechamentos com arremates ou acabamentos etc. intrínsecos das estruturas metálicas espaciais em aço ou alumínio e suas interfaces com os demais elementos construtivos.

Detalhe de uma malha espacial do Aeroporto Internacional de Brasília (DF). Execução da Esmel Indústria de Estruturas Mecânicas e projeto estrutural do autor. Inauguração no ano de 1992

Enfatiza-se que este é um livro didático escrito por quem realmente trabalha no ramo da construção metálica há mais de 45 anos, sendo de suma importância para a sedimentação de uma cultura industrial construtiva metálica e que vem em boa hora, pois certamente preencherá uma grande lacuna no conhecimento técnico da engenharia brasileira.

SUMÁRIO

1 DEFINIÇÃO, COMPOSIÇÃO E MODULAÇÃO DE UMA MALHA ESPACIAL, 21
- 1.1 Definição 21
- 1.2 Composição 22
- 1.3 Modulação 24

2 SEÇÕES ESTRUTURAIS E DETALHES DAS EXTREMIDADES DAS BARRAS, 27
- 2.1 Extremidades estampadas por simples "amassamento" 28
- 2.2 Extremidades com lingueta simples 28
- 2.3 Extremidades com lingueta dupla 29
- 2.4 Extremidades com lingueta dupla dobrada contínua 30
- 2.5 Extremidades com lingueta simples e tampa 31
- 2.6 Extremidades com lingueta dupla e tampa 31
- 2.7 Extremidades em cone 32

3 JUNTAS TÍPICAS PARA AS MALHAS ESPACIAIS, 35
- 3.1 Definição de junta 35
- 3.2 Junta esférica 36
- 3.3 Junta em cruzeta simples 38
- 3.4 Junta em cruzeta com chapa de base dupla 42
- 3.5 Junta Kieffer 43
- 3.6 Sistemas Unistrut, Triodetic e Geometrica 45

4 SISTEMAS DE APOIOS EM MALHAS ESPACIAIS, 49
- 4.1 Definição de aparelho de apoio 49
- 4.2 Infraestrutura de suporte e influência no cálculo 52
- 4.3 Engastamento de estruturas espaciais – marquises espaciais 53

5 CAMPOS DE APLICAÇÃO DAS MALHAS ESPACIAIS, 55

6 FORMAÇÃO E CLASSIFICAÇÃO DA GEOMETRIA DAS MALHAS ESPACIAIS, 59
- 6.1 Malhas ou estruturas espaciais planas 60
- 6.2 Malhas ou estruturas espaciais curvas 65
- 6.3 Malhas ou estruturas espaciais mistas 68

7 LANÇAMENTO E PRÉ-DIMENSIONAMENTO DE UMA MALHA ESPACIAL, 69
- 7.1 Lançamento 69
- 7.2 Pré-dimensionamento geométrico 74
- 7.3 Estudo da variação do ângulo α para melhor desempenho da malha espacial 78

8 VANTAGENS NO USO DAS MALHAS ESPACIAIS, 81
- 8.1 Quanto à forma arquitetônica 82
- 8.2 Quanto ao comportamento estrutural de suas peças 83
- 8.3 Quanto à fabricação, ao transporte e à montagem 84

9 CARREGAMENTOS DE PROJETO PARA AS MALHAS ESPACIAIS, 87
- 9.1 Definição de alguns conceitos segundo a NBR 8681 88
- 9.2 Requisitos gerais segundo a NBR 8681 88
- 9.3 Valores representativos para estruturas espaciais 90
- 9.4 Efeito do vento 92
- 9.5 Efeito da dilatação térmica 92

10 MATERIAIS ESTRUTURAIS UTILIZADOS NAS MALHAS ESPACIAIS, 97
- 10.1 Aço para barras e juntas (CBCA, [20--]) 97
- 10.2 Alumínio para barras e juntas 104
- 10.3 Parafusos para estruturas espaciais 106

11 MATERIAIS PARA COBERTURA E FECHAMENTOS, 109
- 11.1 Telhas 110
- 11.2 Acabamentos 113
- 11.3 Terças 114
- 11.4 Acessórios de fixação 115

12 DIMENSIONAMENTO DAS BARRAS DE UMA MALHA ESPACIAL, 119
- 12.1 Dimensionamento de barras tubulares em aço pelo método dos estados-limites segundo a NBR 8800 120
- 12.2 Dimensionamento de barras tubulares em aço pelos métodos dos estados-limites e das tensões admissíveis segundo a ANSI/AISC 360-05 126
- 12.3 Dimensionamento de barras tubulares em alumínio liga 6351-T6 pelos métodos das tensões admissíveis e dos estados-limites segundo o manual da Aluminum Association 130
- 12.4 Dimensionamento de parafusos de juntas em aço 137

13 ASPECTOS DO CÁLCULO DE MALHAS ESPACIAIS, 143
- 13.1 Estrutura com quatro apoios simples – um fixo e três móveis 145

- **13.2** Estrutura contínua ao longo do eixo X com oito apoios simples – um fixo e os demais móveis..147
- **13.3** Estrutura contínua ao longo dos eixos X e Y com 16 apoios simples – um fixo e os demais móveis..150
- **13.4** Comentários sobre as análises estruturais das seções 13.1 a 13.3.......... 154
- **13.5** Malha espacial com braços de suporte para pé-direito de 4,5 m e distâncias entre apoios fixos um pouco menores....................................156
- **13.6** Malha espacial sem banzos inferiores e respectivas diagonais................158

14 ANCORAGENS COM CHUMBADORES E *INSERTS*, 161
- **14.1** Chumbadores...162
- **14.2** *Inserts* 163

15 ASPECTOS DA MONTAGEM DE MALHAS ESPACIAIS, 165
- **15.1** Montagem de estrutura com o local da obra totalmente desimpedido..166
- **15.2** Montagem de estrutura com o local da obra dividido por paredes 167

16 DETALHES CONSTRUTIVOS, 169

17 TRATAMENTOS SUPERFICIAIS E PINTURAS, 175
- **17.1** Definição de corrosão..175
- **17.2** Prevenção da corrosão..179
- **17.3** Preparo das superfícies e pintura.. 180
- **17.4** Tipos de tinta 181
- **17.5** Galvanização..183
- **17.6** Alumínio e resistência à corrosão 184

REFERÊNCIAS BIBLIOGRÁFICAS, 187

INTRODUÇÃO

Complexo industrial da Companhia Muller de Bebidas em Cabo de Santo Agostinho (PE). Renovação com cobertura em estrutura espacial arqueada em alumínio. A colocação de telhas translúcidas a cada telha metálica foi fundamental para a total iluminação natural do ambiente, com significativa economia energética. Execução da Alumisa Estruturas Metálicas, que gentilmente cedeu a foto, e projeto estrutural do autor. Inauguração no ano de 2006

I.1 Breve histórico das estruturas espaciais

Alexander Graham Bell (1847-1922), o inventor do telefone, é considerado também o pai das estruturas espaciais. Seus estudos teóricos em fins do século XIX e início do século XX, publicados no livro *Flying Machines of the Future* (1892), previam máquinas voadoras carregando passageiros que se comunicariam entre si por telefone.

Essas máquinas do futuro, na realidade, eram grandes pipas estruturadas na forma de tetraedros espaciais interligados, constituídos de barras de madeira muito leves e resistentes, recobertos com papel apropriado (Fig. I.1). As experiências de Graham Bell sobre o comportamento dessas estruturas contribuíram enormemente para o início do desenvolvimento da aviação e das estruturas reticuladas espaciais.

Apesar de terem sido idealizadas por Graham Bell, as primeiras estruturas em malhas espaciais com aplicação comercial e para cobertura de grandes vãos livres surgiram somente por volta dos anos 1930, quando da constituição da empresa alemã Mengeringhausen Rohrbauweise (Mero), a pioneira, cujos trabalhos produtivos foram desenvolvidos com base na criatividade do Dr. Max Mengeringhausen (1903-1988; Fig. I.2), seu fundador. Anos mais tarde, já na década de 1960, tanto na Europa quanto nos Estados Unidos, surgiram outras empresas semelhantes, consolidando firmemente os respectivos mercados no uso desse importante sistema construtivo.

Integrantes das malhas espaciais, as juntas esféricas foram concebidas para unir as peças estruturais que para elas convergiam e eram utilizadas, entre outras, pela TM Truss, uma subsidiária da Taiyo Kogyo Co., do Japão, e pela Abba Space Structures, estabelecida na África do Sul. Graças à beleza arquitetônica e à praticidade dessas juntas, outras empresas desenvolveram seus próprios sistemas baseados no conjunto tubo e esfera.

Em 1950, a tradicional empresa inglesa Dening of Chard, fundada em 1828 e especializada em implementos agrícolas e depois em artefatos de engenharia, lançou no mercado europeu, no sistema Space Deck, a primeira estrutura espacial em módulos piramidais pré-fabricados. Eram pirâmides invertidas de base quadrada cujos banzos superiores (arestas da base) eram formados por canto-

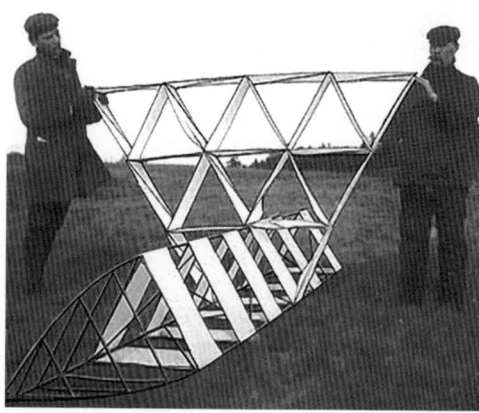

Fig. I.1   *Pipa tetraédrica de Graham Bell*

Fig. I.2   *Dr. Mengeringhausen, criador do sistema Mero*

neiras, para facilitação na montagem por aparafusamento dos módulos entre si. Estruturas de cobertura nessa modalidade perduram até hoje, tendo sido executadas especialmente na Europa e nos Estados Unidos.

Outro sistema estrutural notável foi desenvolvido na Inglaterra no final da década de 1960 e início dos anos 1970: o sistema Nodus, da British Steel Corporation, cujas juntas semiesféricas duplas podiam acomodar tubos de seção circular ou quadrada. Usava também os módulos piramidais como elementos geométricos para a construção de estruturas espaciais.

Um dos sistemas mais estruturalmente efetivos e certamente bem mais baratos do que aqueles que utilizam os nós esféricos é o sistema Triodetic, criado por volta de 1955 pela empresa Fentiman Bros., do Canadá. Trata-se de um sistema de formação de estruturas espaciais cujas juntas nodais são cilindros sólidos ranhurados fabricados em liga de alumínio de alta resistência pelo processo de extrusão em prensa hidráulica. Na modulação piramidal, a junta é projetada de forma a acomodar quatro tubos no plano horizontal e quatro tubos em diagonal, todos de seção circular em aço ou alumínio e cujas extremidades são achatadas e encaixadas diretamente nas ranhuras do cilindro, sem a necessidade de parafusos em cada tubo.

Eminentes pesquisadores buscaram e ainda buscam o nó (junta) perfeito, com a união de peças estruturais que para ele convergem da maneira mais prática e o menor custo produtivo, pois o nó é a alma da estrutura espacial.

Richard Buckminster Fuller (1895-1983), inventor, escritor, pesquisador, designer e arquiteto americano e um dos maiores cientistas do século XX, desenvolveu inúmeros trabalhos em estruturas espaciais, entre eles o sistema Octetruss, usando tubos em aço de seção circular e juntas aparafusadas. Sua maior contribuição foi no campo das cúpulas geodésicas, cujas geometrias construtivas foram desenvolvidas a partir da aplicação matemática dos sólidos platônicos inscritos na esfera, principalmente o icosaedro.

Konrad Wachsmann (1901-1980), arquiteto alemão radicado nos Estados Unidos e pesquisador de estruturas para a Força Aérea americana, desenvolveu um sistema de grelha espacial para a cobertura de um grande hangar de aeronaves. Entre outros estudos, ele acreditou ter alcançado o *design* de um "nó universal".

Cedric Marsh (1924-2013), professor anglo-canadense da Universidade de Montreal, no Canadá, desenvolveu o sistema M-Deck especialmente para estruturas espaciais em alumínio (Fig. I.3). Tal sistema foi empregado em algumas estruturas no Brasil nos anos 1970 e 1980, estando agora em desuso. O autor deste livro teve o prazer de conhecer pessoalmente o Prof. Marsh, com o qual projetou algumas coberturas espaciais no País.

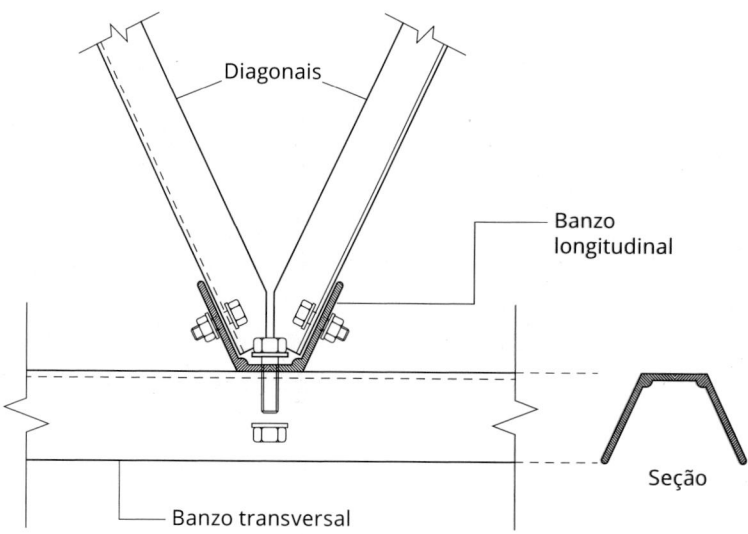

Fig. I.3 Detalhe de uma junção entre banzos e diagonais do sistema M-Deck. Note-se que o perfil "U" aberto tem o ângulo adequado (aproximadamente 64°) para a composição da modulação piramidal, em que o comprimento da base quadrada é igual à altura

No Brasil, apesar de a indústria da construção metálica ter se desenvolvido com maior pujança a partir da década de 1950, a primeira treliça espacial importante surgiu somente no ano de 1970: a cobertura do Pavilhão de Exposições do Anhembi, em São Paulo (SP) (Fig. I.4). Essa cobertura foi projetada com barras tubulares em alumínio por Marsh, que à época atuava como consultor junto a uma das maiores produtoras de alumínio do mundo, a Alcan, e montada pela empresa Fichet & Schwartz Hautmont. A estrutura, até hoje existente e uma das maiores do País, cobria uma área de 67.600 m² (260 m × 260 m). Faziam parte da equipe de arquitetos Jorge Wilheim (autor), Miguel Juliano e Silva (coautor) e Massimo Fiocchi (coautor).

Com o aparecimento de sistemas computacionais e *softwares* de cálculo estrutural mais comercialmente acessíveis, facilitando sobremaneira o projeto e o detalhamento, a partir de 1980, as malhas espaciais ficaram mais populares e caíram no gosto dos arquitetos e dos investidores do momento. Desde então, estima-se que tenham sido produzidos no País algo em torno de 30 milhões de metros quadrados em coberturas espaciais em aço e alumínio.

Atualmente, devido à falta de conhecimento mais profundo sobre esse sistema construtivo e suas reconhecidas vantagens, assim como pela ausência de um maior número de profissionais habilitados para a concepção e o desenvolvimento de projetos de coberturas em estruturas espaciais, calcula-se que somente 10% a 15% de todas as obras metálicas em aço ou alumínio no Brasil sejam executadas nesse sistema. A Fig. I.5 ilustra um exemplo de estrutura espacial em alumínio construída no País.

Fig. I.4 Pavilhão de Exposições do Anhembi, em São Paulo (SP), uma das maiores estruturas espaciais em seções tubulares em alumínio do País. Inauguração no ano de 1970

Fig. I.5 Espaço Cultural Bom Jardim, em Fortaleza (CE). Estrutura espacial em alumínio formada por tetraedros de base equilátera. Execução da Côncava Construções Ltda. e projeto estrutural do autor. Inauguração no ano de 2012
Fonte: cortesia de Côncava Construções Ltda.

Considera-se a empresa Geometrica, sediada nos Estados Unidos, como a maior fabricante de estruturas espaciais do mundo hoje.

I.2 Fuller e sua contribuição

O americano Richard Buckminster Fuller foi um dos maiores cientistas do século XX e dedicou sua vida e seu trabalho ao benefício da humanidade.

A princípio, seus estudos acadêmicos foram prejudicados por falta de interesse e disciplina, tendo sido expulso de Harvard duas vezes, em 1913 e 1915. Ele adquiriu experiência e habilidade em resolver problemas quando serviu na Marinha americana, de 1917 a 1919.

Sua genialidade contribuiu para o bem maior dos povos e do planeta, principalmente nas áreas de engenharia, arquitetura, geometria das formas e cartografia, sendo seu trabalho reconhecido mundialmente no campo das estruturas geodésicas.

Os domos geodésicos, ou cúpulas geodésicas, idealizados em 1947 e patenteados em 1954, foram projetados para a cobertura de grandes espaços. Leves, econômicos e fáceis de produzir, transportar e montar, esses domos podiam envelopar amplos locais sem a colocação de nenhuma coluna interna, bem como suportar mais cargas com menor custo de produção que qualquer outro tipo estrutural, com base na filosofia da geometria sinergética (*synergetic geometry*), pois mimetizavam ocorrências na natureza, seja na vida animal, seja na vida vegetal. Além disso, mostravam, de modo mais homogêneo que outras estruturas, um balanço equilibrado entre as forças de tração e compressão.

Em 1953, Fuller construiu sua primeira geodésica, encomendada pela Ford Motor Company, no Michigan (EUA). Seu maior cliente, entretanto, foi o Exército americano, que utilizou cúpulas geodésicas para instalações de radares militares na região do Ártico.

Frequentemente, ele rejeitava comentários de seus admiradores, que lhe atribuíam a qualidade de especialista, pois enfatizava que seu trabalho poderia ser mais bem conceituado como "a ciência compreensiva de projetar por antevisão do futuro", englobando, de modo geral, a "síntese emergente da arte, da invenção, da mecânica e da economia como estratégia evolucionária". Essa filosofia influenciou o surgimento de novas ideias de soluções estratégicas em habitação, transporte, educação, eficiência energética, ecologia e combate à pobreza.

Durante sua vida, Fuller registrou 28 patentes, escreveu 30 livros e recebeu 47 medalhas de honra. Acredita-se que suas cúpulas geodésicas tenham sido reproduzidas mais de 300 mil vezes, nas mais diferentes geometrias e diâmetros, por todo o mundo.

Em 1980, o autor deste livro foi apresentado ao arquiteto Sergio Prado, conhecedor da filosofia das geodésicas e que, segundo o próprio, havia estagiado no escritório de Fuller em Nova York (EUA). Uma parceria técnica foi iniciada com ele para maior aprendizado sobre a viabilidade do uso dessas estruturas no Brasil, e as geodésicas projetadas por este autor em vários cantos do País em muito devem aos conhecimentos adquiridos durante essa colaboração.

I.3 Características das geodésicas

Domos ou cúpulas geodésicas (*geodesic domes*) são estruturas espaciais projetadas em camada simples ou dupla e formadas por barras simples interligadas entre si em uma única junta (Fig. I.6). Essas barras têm comportamento básico de treliça, suportando somente forças axiais de compressão ou tração.

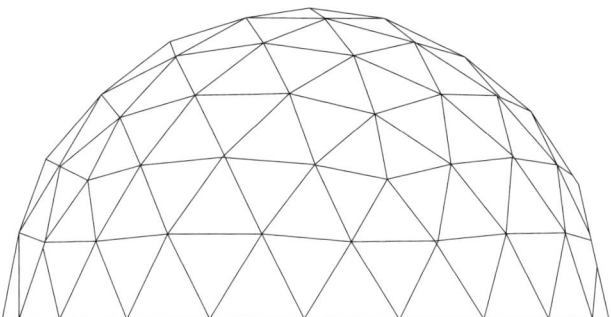

Fig. I.6 *Vista lateral de um domo geodésico*

A geometria das cúpulas esféricas é baseada no icosaedro, maior sólido platônico possível de ser construído, formado por 20 faces triangulares equiláteras interligadas no espaço 3D, rebatidas na superfície da esfera que as contém, apresentando ainda 30 arestas e 12 vértices (Fig. I.7). Assim sendo, as arestas dos triângulos rebatidos pertencem às curvas geodésicas da respectiva esfera, tornando-a uma estrutura extremamente resistente e minimalista.

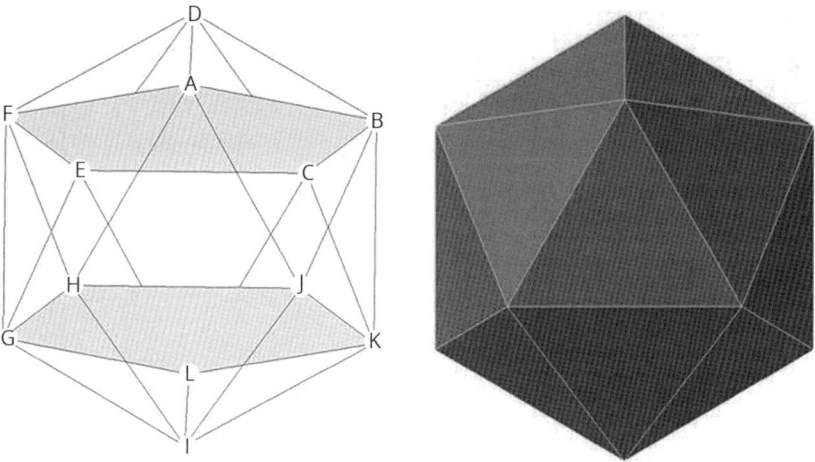

Fig. I.7 *Icosaedro*

A partir do triângulo esférico, novos elementos estruturais unidos internamente são criados pela divisão das respectivas arestas em um determinado número de segmentos ou pela divisão do ângulo esférico interno em partes iguais. A esse número de segmentos ou partes dá-se o nome de *frequência*. Normalmente são usadas frequências entre 3 e 5, pois, com o incremento desse valor, há o aumento do número de barras de comprimentos diferentes, dificultando os processos de fabricação e montagem do domo.

Entre as maiores geodésicas construídas no planeta, é possível citar a Biosfera de Montreal, projetada por Fuller e seu parceiro Shoji Sadao (1927-2019) por ocasião da Exposição Universal de 1967.

Um célebre exemplo brasileiro são as geodésicas em casca simples do Centro de Arte Contemporânea Inhotim, em Brumadinho (MG), mostradas na Fig. I.8.

Fig. I.8 *Centro de Arte Contemporânea Inhotim, em Brumadinho (MG). Cúpulas geodésicas em casca simples na formulação matemática de Buckminster Fuller, constituídas de barras tubulares em aço resistente à corrosão e com cobertura em vidros reflexivos. Execução da Alumisa Estruturas Metálicas e projeto estrutural do autor. Inauguração no ano de 2008*

1 DEFINIÇÃO, COMPOSIÇÃO E MODULAÇÃO DE UMA MALHA ESPACIAL

Centro de distribuição da Ambev em Salvador (BA). Estrutura espacial em alumínio. Execução da Metal Arte Estruturas Metálicas, que gentilmente cedeu a foto. Inauguração no ano de 2004

1.1 Definição

Antes de tudo, a *malha espacial* é um revolucionário sistema construtivo. Apesar de poder ter outro significado, na linguagem corriqueira da engenharia é classificada como um sistema construtivo mecânico reticulado composto por barras metálicas dispostas em pelo menos três planos ortogonais e conectadas entre si, em suas extremidades, em um único ponto: o nó. É em geral concebida como treliça, ou seja, suas barras são dimensionadas aos simples esforços axiais de compressão ou tração. Por isso, também é chamada de *treliça espacial* ou mesmo, genericamente, de *estrutura espacial*.

De acordo com os padrões construtivos americanos, a treliça espacial (*space truss*) é definida como:

> Um conjunto de membros estruturais ligados por suas extremidades para formar um sistema estável. Se todos os membros estão em um plano, a treliça é chamada de treliça plana. Se os membros estão localizados em três dimensões, a treliça é chamada de treliça espacial (McGraw-Hill..., 2012). [*An assemblage of structural members joined at their ends to form a stable structural assembly. If all members are in one plane, the truss is called a planar truss or a plane truss. If the members are located in three dimensions the truss is called space truss.*]

1.2 Composição

O homem imita a natureza e procura, na manifestação das formas vitais sobre o planeta, aquelas que mais se adéquem a seu processo industrial e construtivo. Assim, é possível vislumbrar várias possibilidades de construção de malhas espaciais. As mais utilizadas e mais simples são compostas pelos elementos básicos a seguir, ilustrados nas Figs. 1.1 e 1.2.

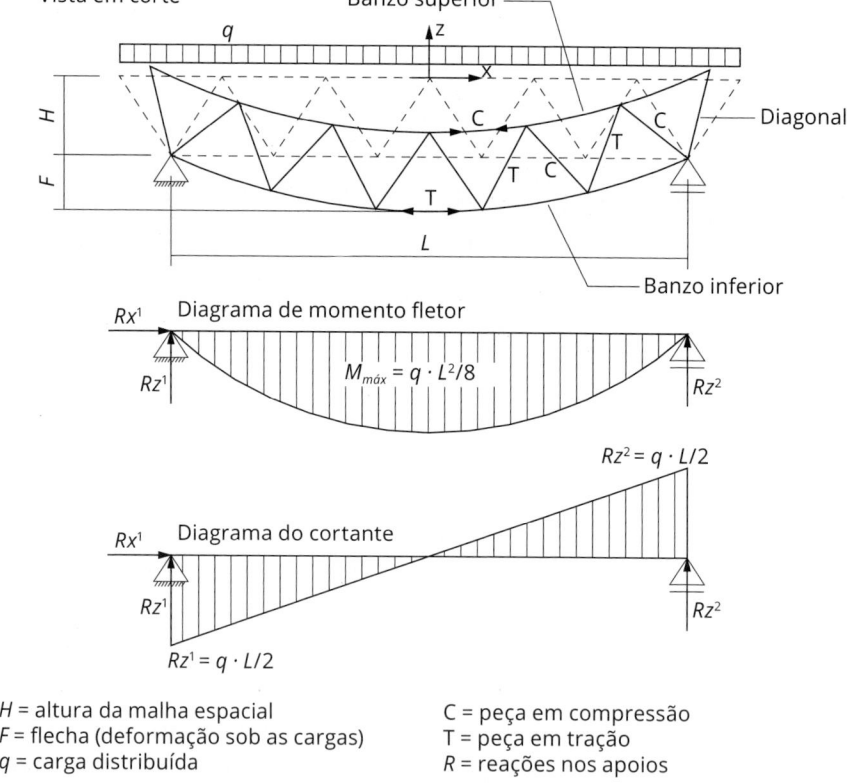

H = altura da malha espacial
F = flecha (deformação sob as cargas)
q = carga distribuída

C = peça em compressão
T = peça em tração
R = reações nos apoios

Fig. 1.1 *Nomenclatura das peças de uma estrutura espacial e esquema de forças atuantes em estruturas biapoiadas sob carga vertical distribuída de cima para baixo*

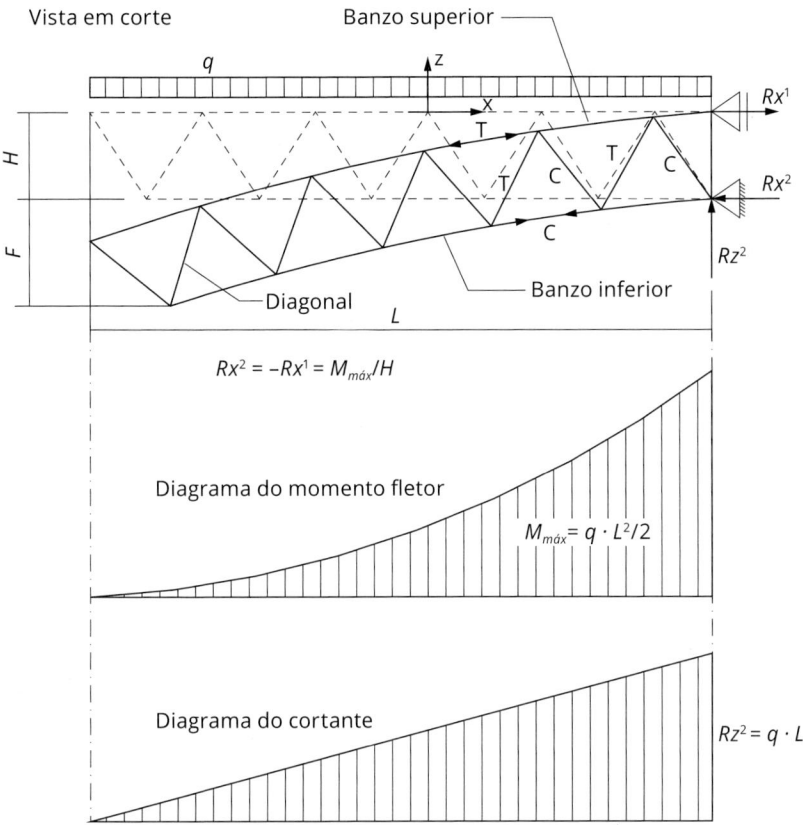

Fig. 1.2 *Nomenclatura das peças de uma estrutura espacial e esquema de forças atuantes em estruturas engastadas sob carga vertical distribuída de cima para baixo*

1.2.1 Banzos (ou cordões – do inglês *cords*)

Os banzos são peças metálicas retilíneas, pertencentes a uma determinada camada (superior, inferior, intermediária etc., no caso de malhas planas, ou casca interna ou externa, no caso de malhas curvas ou geodésicas), cuja função é absorver os momentos fletores globais da estrutura através dos respectivos esforços axiais de tração e compressão. Como exemplo perceptivo, para uma malha espacial retangular, biapoiada em quatro cantos, sob cargas verticais que lhe causem momento fletor positivo no meio do vão, os banzos superiores naquela região serão comprimidos e os inferiores, tracionados. Esse binário de forças internas, oriundo da condição geométrica, garante a estabilidade do sistema.

Por definição construtiva, os banzos se ligam sempre a juntas da mesma camada ou casca. Para isso, suas extremidades são especialmente processadas e dimensionadas aos esforços locais máximos.

1.2.2 Diagonais

Analogamente, as diagonais também são peças metálicas retilíneas, porém pertencentes a camadas diferentes e adjacentes. Têm a função de absorver os esforços cortantes que se propagam de seus pontos mínimos (nos centros das "lajes" ou das "vigas" com apoios em suas extremidades) até os apoios, onde se encontram os valores máximos. Para a conexão com as juntas, suas extremidades sofrem os mesmos procedimentos aplicados às extremidades dos banzos.

1.3 Modulação

As dimensões construtivas representativas dos comprimentos padronizados dos banzos e da altura da malha recebem o nome de *modulação*. Por exemplo, uma malha espacial que tenha como elemento construtivo uma pirâmide de base retangular de 2,5 m por 3,0 m e altura de 2,75 m será denominada *malha espacial de modulação* 2,5 × 3,0 × 2,75 m. Em outras palavras, as duas primeiras medidas representam o *grid* de espaçamento dos nós no plano dos banzos e a última refere-se à altura teórica da malha, medida de eixo a eixo dos nós. Caso a malha seja composta por tetraedros, as duas primeiras medidas referem-se aos lados do triângulo da base (geralmente isósceles ou equilátero).

Para as malhas geodésicas, cujos comprimentos de banzos e diagonais variam muito, não há uma modulação constante a ser definida. São informados apenas os comprimentos máximos e mínimos dos banzos e das diagonais.

As Figs. 1.3 a 1.5 ilustram a modulação de três malhas espaciais diferentes.

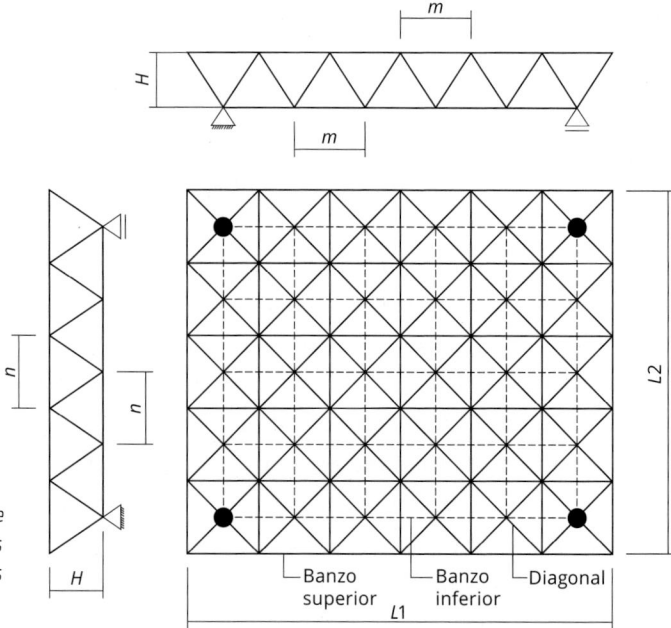

Fig. 1.3 Modulação de uma malha espacial piramidal retangular de base m × n e altura H. Os comprimentos da estrutura são indicados por L1 e L2

Definição, composição e modulação de uma malha espacial 25

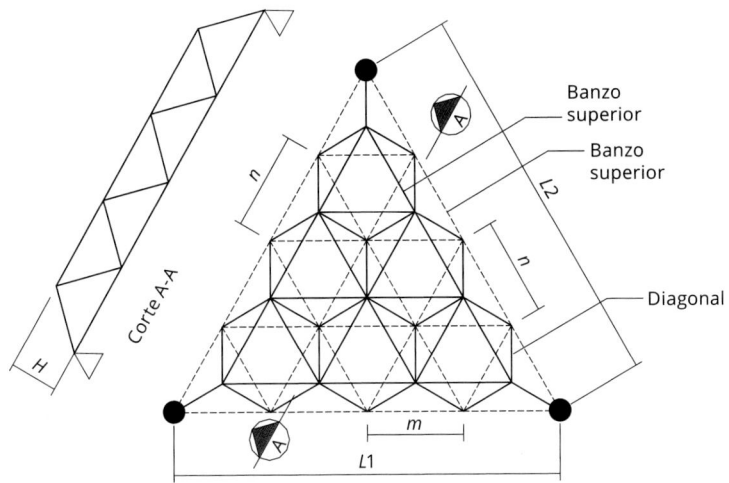

Fig. 1.4 Modulação de uma malha espacial tetraédrica isósceles de base m × n e altura H.
Os comprimentos da estrutura são indicados por L1 e L2

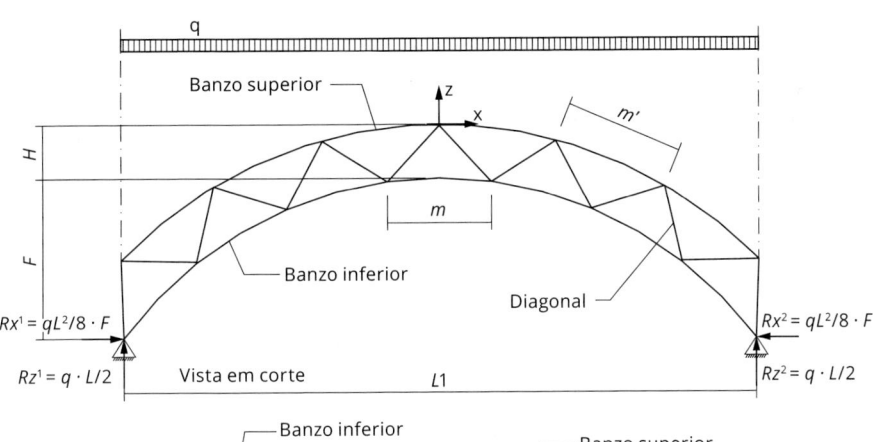

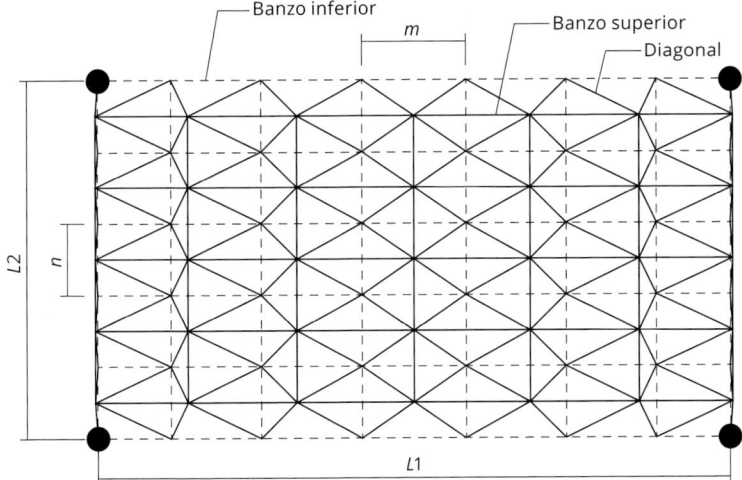

Fig. 1.5 Modulação de uma malha espacial piramidal semicilíndrica de base m × n e altura H.
Os comprimentos da estrutura são indicados por L1 e L2

SEÇÕES ESTRUTURAIS E DETALHES DAS EXTREMIDADES DAS BARRAS

Complexo industrial da Bahia Sul em Mucuri (BA). Portaria na forma de estrutura espacial em alumínio com vários níveis e apoios em braços. Execução da SPCOM Construções Metálicas e projeto estrutural do autor

Em teoria, pode-se utilizar qualquer tipo de seção ou perfil como componente de banzos e diagonais de malhas espaciais. No entanto, por motivos construtivos e econômicos, a maioria das estruturas é fabricada a partir das seguintes seções estruturais: tubo redondo; caixa, em tubo quadrado ou retangular; dois perfis "Ue" frente a frente; ou dois perfis "Ue" "costa a costa" (Fig. 2.1).

Dependendo do tipo de seção estrutural empregada para as peças, suas extremidades devem ser adequadamente projetadas de modo a permitir ligações fáceis de executar e resistentes aos esforços solicitantes.

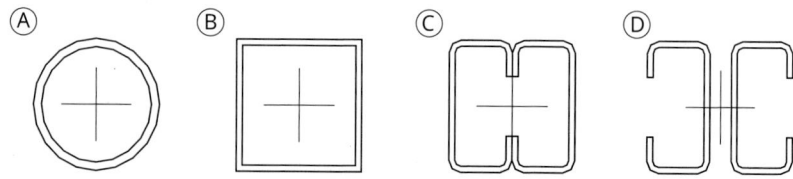

Fig. 2.1 Seções mais utilizadas nas estruturas espaciais: (A) tubo redondo, (B) caixa, (C) dois perfis "Ue" frente a frente e (D) dois perfis "Ue" "costa a costa"

A seguir, serão discutidos os diversos tipos de acabamento das extremidades das barras, chamadas na linguagem das fabricantes de *ponteiras*.

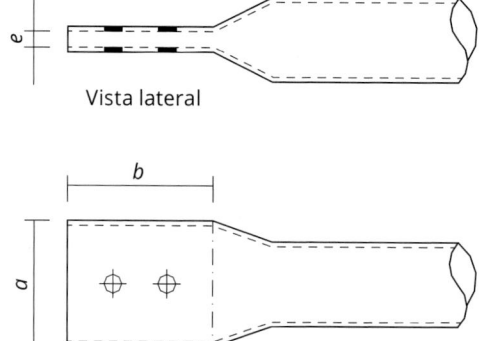

Fig. 2.2 Ponteira "amassada" (estampada em prensa) de tubo circular em aço ou alumínio, em que a = largura do "amassamento", b = comprimento do "amassamento" e e = folga interna na ponteira após o "amassamento" ou entre linguetas

2.1 Extremidades estampadas por simples "amassamento"

O "amassamento" (*flattening*) é o meio mais simples e barato de preparar as extremidades das barras para que sejam conectadas às juntas. Essa operação é executada por estampagem das respectivas pontas em prensa hidráulica, mediante a gabaritagem com matriz especial, e seu resultado é ilustrado na Fig. 2.2.

As ponteiras "amassadas" não necessitam de operações de soldagem, a não ser em caso de reforços, e permitem ligações em cisalhamento duplo, mais econômicas e estáveis. Sua fabricação é feita por procedimentos simples, agregando às barras baixo custo, além de as furações poderem ser executadas na mesma operação de estampagem.

No caso de tubos de paredes finas, é possível aumentar a resistência ao esmagamento por colocação de chapas soldadas adicionais na região do "amassamento".

Essas ponteiras podem ser utilizadas em estruturas espaciais em aço ou alumínio e, com diversas geometrias e configurações, em malhas simples ou de vários níveis ou camadas. Entretanto, sua aplicação é recomendada somente em barras tubulares de seção circular.

2.2 Extremidades com lingueta simples

Entre as extremidades com lingueta, essas são as mais simples, recomendadas apenas para pequenas estruturas. As linguetas são fabricadas à parte e posteriormente soldadas às barras, sendo seu aspecto exibido na Fig. 2.3.

As ponteiras com lingueta simples são facilmente produzidas, embora já requeiram mão de obra especializada de soldagem, e proporcionam estruturas de fácil montagem e desmontagem, pois as barras são colocadas em uma ou outra face da chapa de base dos nós (no caso de nós com chapas de base duplas, haverá um pouco de dificuldade na desmontagem de uma barra, por exemplo). Podem ser utilizadas, com diversas geometrias e configurações, em malhas simples ou de vários níveis.

No entanto, sua aplicação geralmente se restringe a estruturas projetadas em aço e de vãos pequenos. Caso se queira empregar esse tipo de ponteira em tubos de alumínio, será necessária uma investigação profunda sobre o processo de soldagem e a consequente redução das tensões nos materiais.

Como essas ponteiras trabalham basicamente em cisalhamento simples, permitem o aparecimento de excentricidades que podem causar flambagem prematura das juntas por rotação fora do plano. Contudo, cabe mencionar que elas só são econômicas se usadas em cisalhamento simples. Para a configuração de cisalhamento duplo, todas as linguetas das ponteiras devem ser transformadas em duplas, encarecendo o sistema.

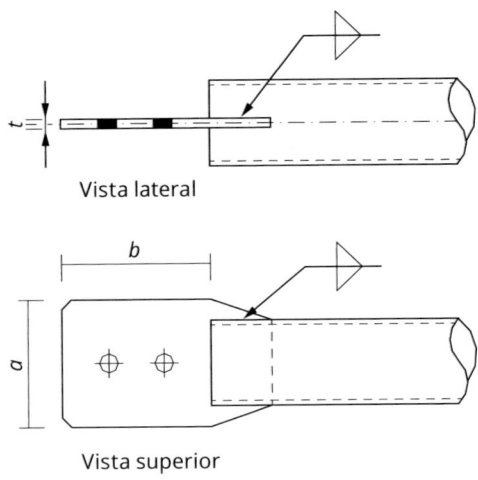

Fig. 2.3 Ponteira com lingueta soldada ao tubo, em que t = espessura da lingueta – uso somente em tubos de aço

2.3 Extremidades com lingueta dupla

Nesse caso, cada extremidade recebe duas linguetas paralelas, usinadas separadamente e então soldadas às barras, distanciadas entre si de um valor tal que permita a introdução da respectiva chapa do nó (folga), como visto na Fig. 2.4. Essas linguetas podem ter nervuras adicionais em plano perpendicular, para reforço e enrijecimento (Fig. 2.5). São mais complexas e, portanto, um pouco mais caras se comparadas às linguetas simples.

As ponteiras com lingueta dupla propiciam também estruturas de fácil montagem

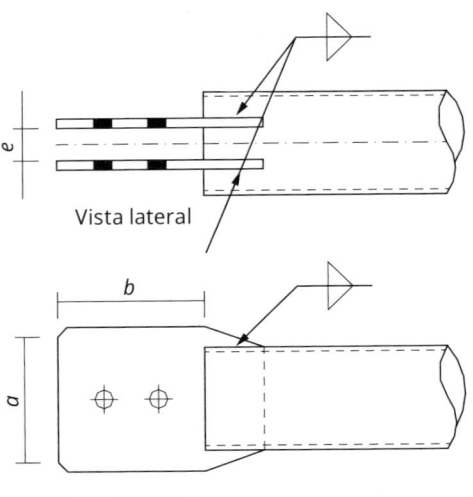

Fig. 2.4 Ponteira com lingueta dupla soldada ao tubo – uso somente em tubos de aço

e desmontagem. A colocação ou a retirada de uma barra é feita independentemente, sem que seja necessária a movimentação dos nós aos quais ela esteja fixada. Além disso, permitem o uso econômico de ligações em cisalhamento duplo, sem a necessidade de duplicar as chapas dos nós.

Essas extremidades aplicam-se a estruturas de médio e grande porte, uma vez que as ligações são praticamente (em teoria) isentas de excentricidades, tornando-as mais estáveis. Podem ser utilizadas, com diversas geometrias de seções, em malhas simples ou de vários níveis.

Seu emprego geralmente ocorre em estruturas em aço, de preferência em seções tubulares circulares, quadradas ou retangulares. Caso se queira usar esse tipo de ponteira em tubos de alumínio, será necessária uma investigação profunda sobre o processo de soldagem e a consequente redução das tensões nos materiais.

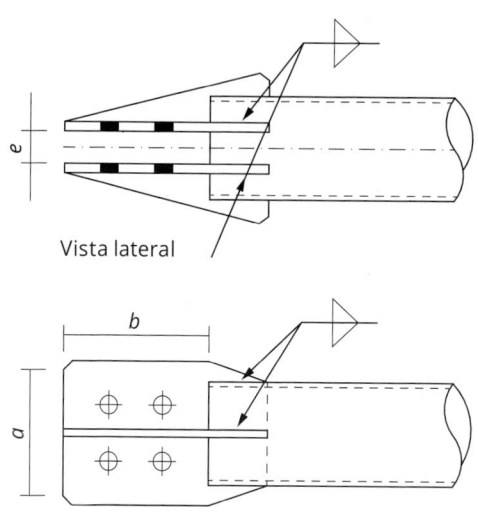

Fig. 2.5 *Ponteira com lingueta dupla soldada ao tubo e com reforço de nervuras aumentando a resistência à flambagem das chapas – uso somente em tubos de aço*

2.4 Extremidades com lingueta dupla dobrada contínua

Essas extremidades são semelhantes àquelas com lingueta dupla, podendo ter também nervuras adicionais de reforço. Entretanto, nesse caso a lingueta é fabricada inteiriça, com a posterior dobragem a frio em prensa hidráulica ou excêntrica, conforme se observa na Fig. 2.6. Exigem uma operação a mais em sua industrialização, sendo um pouco mais onerosas se comparadas às anteriores. No entanto, esse custo adicional pode ser compensado pela maior rapidez na fabricação e pela gabaritagem na fixação à barra.

As ponteiras com lingueta contínua resultam em estruturas de fácil montagem e desmontagem. A colocação ou a retirada de uma barra é feita também independente-

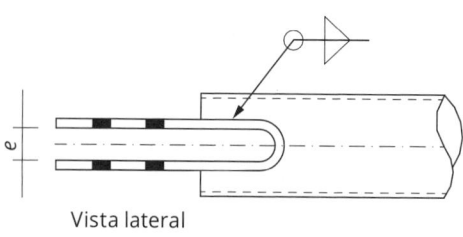

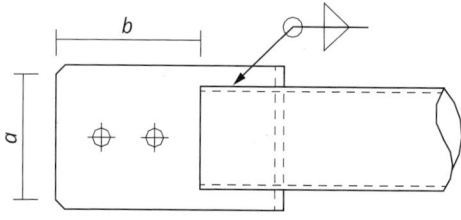

Fig. 2.6 *Ponteira com lingueta contínua soldada ao tubo, com a mesma função daquela mostrada na Fig. 2.4 – uso somente em tubos de aço*

mente, sem que seja necessária a movimentação da junta à qual ela esteja fixada. Igualmente, permitem o uso econômico de ligações em cisalhamento duplo, sem a necessidade de duplicar as chapas de base das juntas.

Essas extremidades possibilitam um aprofundamento maior das linguetas para dentro da junta, diminuindo seu comprimento final e sendo, consequentemente, mais econômicas. Devido à continuidade na chapa da lingueta, são mais resistentes e oferecem mais facilidade na soldagem das chapas à barra.

São praticamente isentas de excentricidades, com ligações mais estáveis, motivo pelo qual seu emprego é recomendado em estruturas de médio e grande porte. Podem ser utilizadas, com diversas geometrias de seções, em malhas simples ou de vários níveis.

Em geral, sua aplicação se dá apenas em estruturas em aço, preferencialmente em seções tubulares circulares, quadradas ou retangulares. Caso se queira usar esse tipo de ponteira em tubos de alumínio, será necessária uma investigação profunda sobre o processo de soldagem e a consequente redução das tensões nos materiais.

2.5 Extremidades com lingueta simples e tampa

Essas extremidades, ilustradas na Fig. 2.7, são uma implementação daquelas descritas na seção 2.2. Nesse caso, a barra tem suas extremidades hermeticamente fechadas pela colocação de uma tampa, de topo ou em ângulo, cuja função é oferecer maior resistência ao intemperismo, melhor estética e melhor acabamento. As vantagens e as desvantagens são as mesmas apontadas naquela seção.

No entanto, deve-se observar que a colocação dessas tampas ou vedações nos tubos necessita de operações industriais adicionais, ficando a cargo do projetista a tomada de decisão entre os custos inerentes e os benefícios advindos.

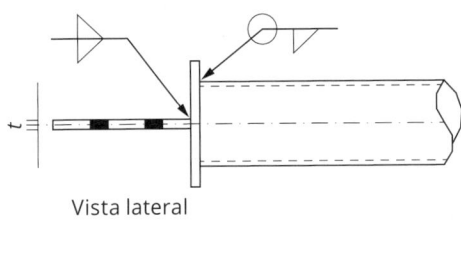

Vista lateral

2.6 Extremidades com lingueta dupla e tampa

Analogamente, esse tipo de acabamento de extremidades é uma melhoria do que foi descrito na seção 2.3, com suas respectivas vantagens e desvantagens, sendo seu aspecto mostrado na Fig. 2.8. Aqui se apresentam as diversas soluções para o tamponamento total das bocas dos tubos

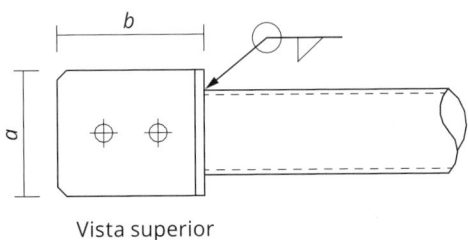

Vista superior

Fig. 2.7 *Ponteira com lingueta simples e tampa – uso somente em tubos de aço*

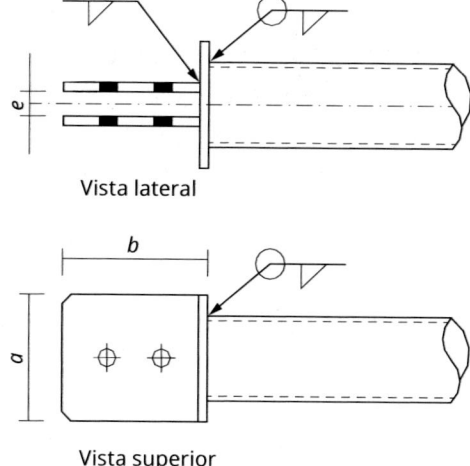

Fig. 2.8 Ponteira com lingueta dupla e tampa – uso somente em tubos de aço

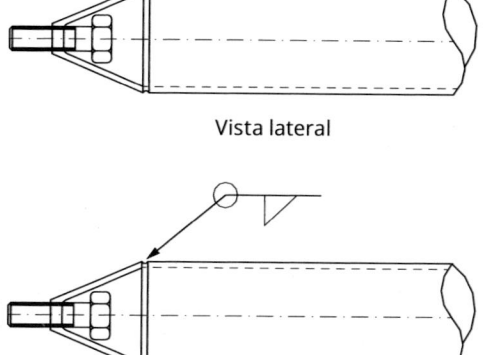

Fig. 2.9 Ponteira em formato cônico para fixação em nó esférico tipo Mero – uso somente em tubos de aço

com lingueta dupla contínua ou não. Essas providências aumentam sobremaneira a vida útil das peças de uma malha espacial. Chama-se a atenção, mais uma vez, para a observação da relação custo-benefício desse melhoramento.

2.7 Extremidades em cone

Extremamente resistentes e de ótima aparência, essas ponteiras (Fig. 2.9) são adequadas somente para barras de seção tubular circular e pertencem ao sistema construtivo cujas barras são ligadas entre si por nós esféricos. O cone é fabricado em separado por processo de fundição e forja, com posterior acabamento em torno mecânico, caso necessário. Ele é projetado para acomodar internamente um parafuso de alta resistência que gira livremente até que seja acionada uma trava para rosqueamento ao nó, durante a montagem.

As ponteiras em cone proporcionam estruturas de fácil montagem e desmontagem. A colocação ou a retirada de uma barra é feita também independentemente, sem que seja necessária a movimentação dos nós aos quais ela esteja fixada.

São altamente estáveis quanto às tensões de tração e compressão, principalmente no que diz respeito à flambagem local, sendo que a transmissão das forças no tubo para o parafuso se dá com a maior uniformidade possível. Resultam em ligações totalmente isentas de excentricidades e são aplicáveis a qualquer tipo de estrutura espacial, com diversas geometrias de seções em malhas simples ou de vários níveis, planas ou curvas.

No entanto, essas extremidades são tecnologicamente mais complexas e, assim, exigem equipamento adequado de fabricação e usinagem e mão de obra mais especializada no projeto e na produção, sendo bem mais caras que as demais.

Sua aplicação normalmente ocorre apenas em estruturas em aço, em que o processo de junção por solda não prejudica a composição mecanográfica dos materiais a serem unidos. Para os tubos em alumínio, será necessária uma investigação sobre o processo de fabricação da ponteira propriamente dita, bem como sobre o processo de soldagem e a consequente redução das tensões nos materiais.

3
JUNTAS TÍPICAS PARA AS MALHAS ESPACIAIS

Espaço Cultural José Lins do Rêgo, em João Pessoa (PB). Uma das maiores e mais importantes estruturas espaciais em alumínio do Brasil, esse complexo cultural foi projetado pelo famoso arquiteto Sergio Bernardes e abriga museu, planetário, biblioteca, galeria, cinema, mezanino para exposições e dois teatros, entre outros espaços, perfazendo uma área de cobertura total de 22.978 m². Pela primeira vez no País utilizou-se na cobertura um sistema de aberturas estreitas e lineares para a entrada da luz natural, dando ao ambiente iluminação e conforto visual. Isso foi feito com a colocação de faixas de telhas translúcidas a cada duas telhas metálicas, de forma a se ter uma taxa de iluminação natural de aproximadamente 10% da área coberta. A preocupação com o meio ambiente era uma das "marcas registradas" do renomado arquiteto já naquela época. Execução da Esmel Indústria de Estruturas Mecânicas, com assessoria ao arquiteto e cálculo estrutural metálico do autor. Inauguração no ano de 1982

3.1 Definição de junta

É de fundamental importância esclarecer que as emendas não são tratadas neste livro, uma vez que em peças de treliças espaciais – via de regra, por motivos estéticos – não são desejadas emendas nas barras. Além disso, conceitualmente, é feita uma diferenciação entre nó e junta. O *nó* (*node*) define-se como um ponto geométrico no espaço para onde convergem, hipoteticamente, barras estruturais que devem ser calculadas e dimensionadas e que fazem parte de uma estrutura teórica. Por outro lado, a *junta* (*joint*) é a materialização do nó teórico, sendo composta, em geral, por uma chapa de base e por nervuras a ela soldadas ou aparafusadas.

Portanto, a junta é o elemento de ligação entre os banzos e as diagonais e tem a função de transferir os esforços axiais de uma ou mais peças a suas adjacentes. Estruturalmente falando, a junta ideal é aquela projetada sob a ação de somente esforços axiais, sem excentricidades que lhe causem flexões indesejadas. Assim sendo, um dos poucos tipos de junta que atendem ao comportamento ideal é a junta esférica. Os demais, por motivos industriais ou de maior facilidade nas montagens, sofrem algum tipo de flexão secundária devido às excentricidades nas ligações com suas peças banzos e diagonais. Cabe ao engenheiro estrutural considerar essas excentricidades adequadamente, dando maior ou menor importância a seu dimensionamento.

As juntas mais comumente empregadas em estruturas espaciais são apresentadas na Fig. 3.1, com a indicação de sua estabilidade.

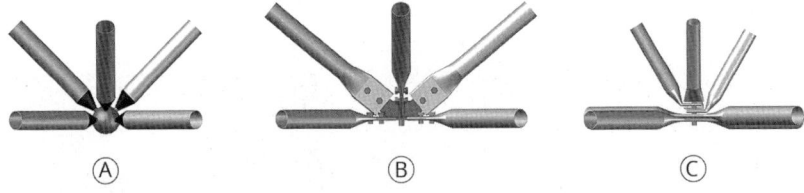

Fig. 3.1 *Tipos mais comuns de junta em estruturas espaciais em ordem decrescente de estabilidade: (A) junta esférica, com excelente estabilidade; (B) junta tipo cruzeta, com boa estabilidade; e (C) junta Kieffer ("amassada"), com pobre estabilidade*

Entre todos os elementos componentes de uma malha espacial, a junta, além de sua função estrutural intrínseca, tem uma importância arquitetônica fundamental. Ao concebê-la, um cuidado todo especial deve ser tomado para provê-la da necessária estabilidade, sem prejuízo da estética. Ao longo dos anos, tanto no Brasil como no exterior, vários tipos de junta foram utilizados. Alguns foram tecnicamente aprovados e permanecem até hoje; outros foram eliminados por apresentarem falhas no comportamento estrutural ou por serem esteticamente impróprios.

3.2 Junta esférica

Como dito anteriormente, essa é a junta ideal, sem chapas de base planas ou nervuras. Sua forma moderna foi inventada e patenteada pela empresa alemã Mero, a pioneira no mundo no uso de estruturas espaciais (Fig. 3.2). Trata-se de uma esfera metálica fabricada em aço (ou alumínio, no caso da utilização de tubos em alumínio) por processo de forja e posterior tratamento térmico, na qual são executados todos os furos rosqueados, tornando-a extremamente resistente e bela (Fig. 3.3). A ligação com as barras, sempre tubulares de seção circular, é feita através de um único parafuso, também de alta resistência, conforme esquematizado na Fig. 3.4. Devido à sua geometria, todos os eixos das barras convergem para um único ponto, o centro da esfera.

Além de sua perfeita geometria, outra grande vantagem desse tipo de junta é a possibilidade de utilizá-lo em todas as modalidades de malhas espaciais, sejam elas planas, curvas, geodésicas, de várias camadas etc. A acomodação de tantas barras quantas necessárias, garantindo a concentricidade de todas, é possível com o maior ou o menor aumento do respectivo diâmetro. Caso necessário, essa junta pode acomodar até 18 furos igualmente espaçados, servindo a diferentes combinações geométricas simultaneamente.

Sua fabricação exige mão de obra mais especializada e equipamento automatizado, o que torna o custo de produção mais elevado se comparado ao dos tipos mais comuns. No Brasil, algumas empresas nacionais fabricantes de estruturas metálicas, aliadas a experientes engenheiros estruturais, utilizaram juntas semelhantes, porém não iguais, em várias de suas obras, com excelentes resultados estéticos e funcionais (Fig. 3.5).

Outras empresas estrangeiras também usam juntas esféricas similares, mas com

Fig. 3.2 *Estrutura espacial da Mero com juntas esféricas e barras tubulares circulares*

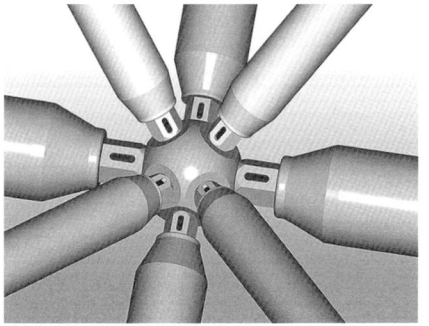

Fig. 3.3 *Vistas de uma junta Mero*

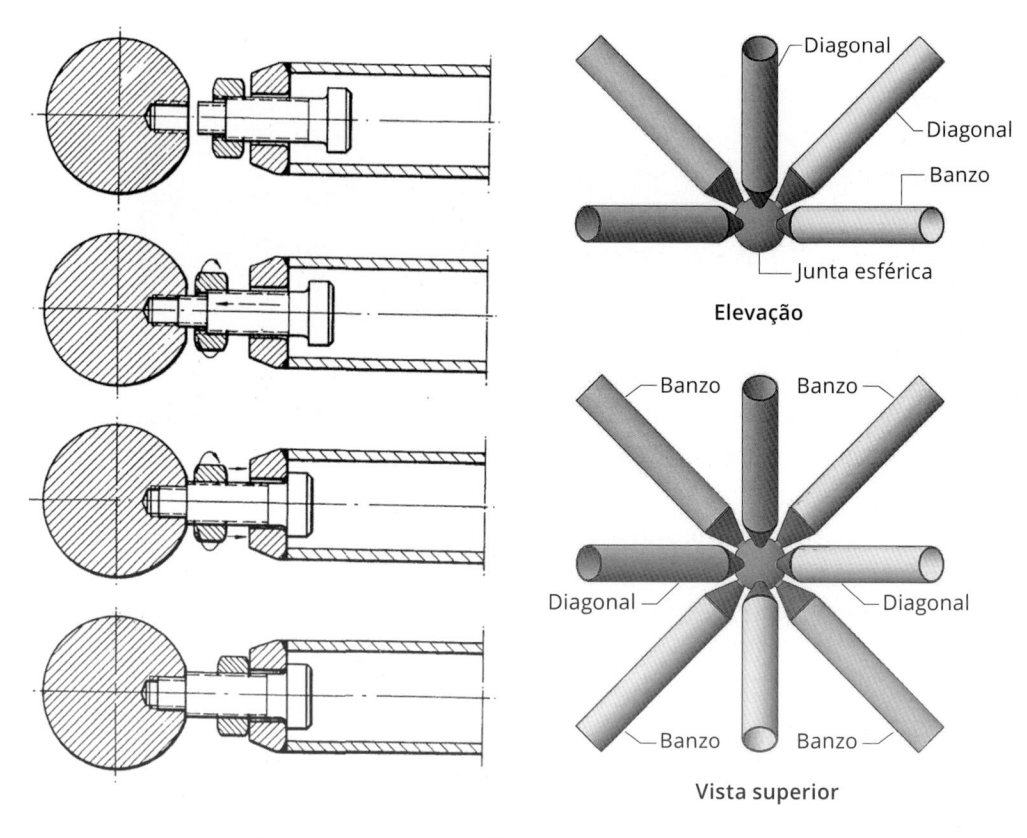

Fig. 3.4 *Esquema de fixação de uma peça tubular à junta esférica Mero (imagem da patente americana)*

Fig. 3.5 *Junta esférica similar à Mero*

sistema de aparafusamento diferenciado do da Mero. Atualmente a empresa Lanik, sediada em San Sebastian (Espanha) e presente no mercado desde 1977, é uma das principais fabricantes europeias desse tipo de estrutura (Fig. 3.6).

Entretanto, devido a seu alto custo, enfatiza-se que a aplicação de malhas espaciais com juntas esféricas deve ser recomendada apenas nos casos mais especiais, em que o partido arquitetônico se sobreponha ao fator econômico.

3.3 Junta em cruzeta simples

Alternativamente, empresas fabricantes em todo o mundo adotam as juntas em cruzeta, por serem estruturalmente corretas, mais baratas e de fácil industrialização. A Fig. 3.7 mostra um bom exemplo de seu uso em malhas espaciais, enquanto a Fig. 3.8 ilustra esquematicamente esse tipo de junta com seus respectivos banzos e diagonais.

Fig. 3.6   *Estrutura espacial com juntas esféricas executada pela Lanik*
Fonte: William Murphy (CC BY-SA 2.0, https://flic.kr/p/nQuGrC).

Fig. 3.7   *Clube dos Diários, em Fortaleza (CE). Estrutura espacial com tubos de alumínio e juntas tipo cruzeta fabricadas em aço A36 e galvanizadas a fogo. Execução da Metal Arte Estruturas Metálicas e projeto estrutural do autor*

Elas são assim chamadas por possuir uma chapa de base plana estrategicamente recortada na forma de cruz para a acomodação dos banzos, contendo ainda um conjunto de nervuras derivadas das linguetas, soldadas perpendicularmente ao plano dessa chapa e orientadas segundo os eixos de cada peça diagonal que para ela converge (Figs. 3.9 e 3.10).

Elevação

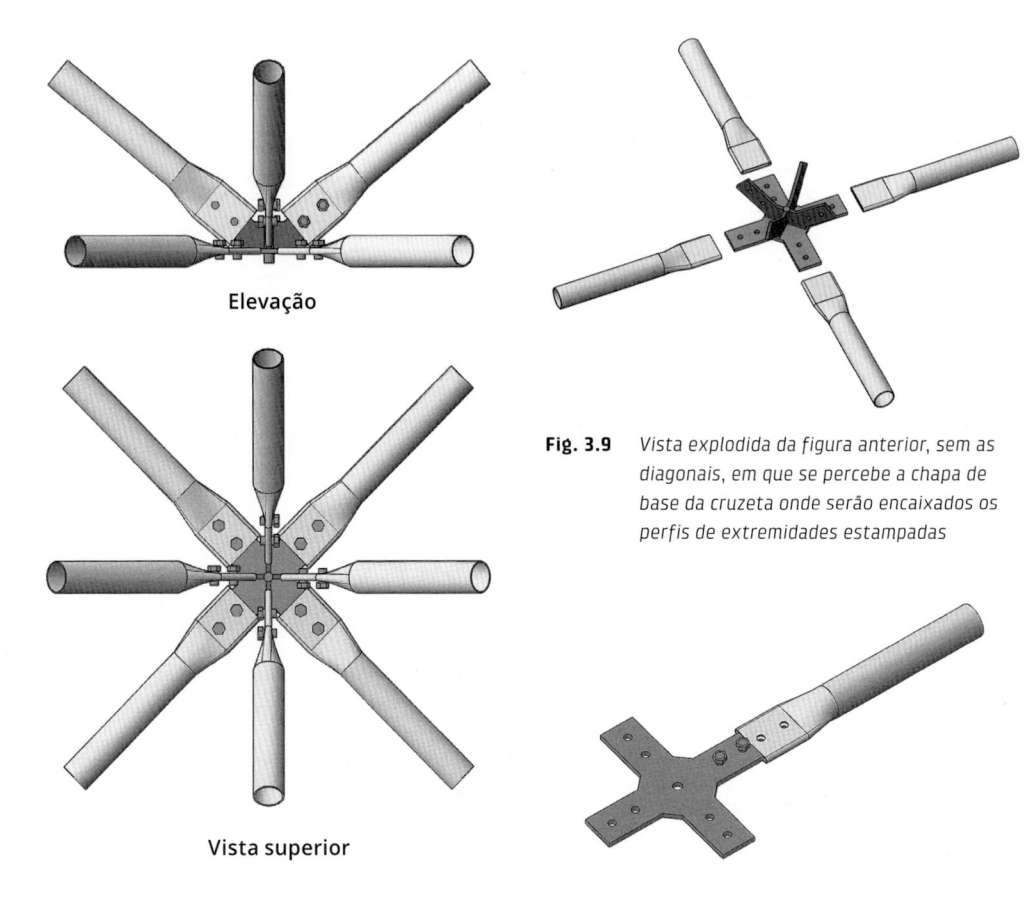

Vista superior

Fig. 3.8 Junta tipo cruzeta para onde convergem os banzos e as diagonais tubulares – uso em estruturas espaciais em aço ou alumínio

Fig. 3.9 Vista explodida da figura anterior, sem as diagonais, em que se percebe a chapa de base da cruzeta onde serão encaixados os perfis de extremidades estampadas

Fig. 3.10 Detalhe de uma junta tipo cruzeta e o modo de embutimento da lingueta da junta dentro do "amassamento" do tubo

Nós desse tipo são comumente empregados em malhas espaciais planas de duas ou mais camadas, geralmente acomodando de modo eficiente quatro peças banzos e quatro diagonais (ou oito diagonais, colocadas 4 × 4 opostas, no caso de malhas de mais de duas camadas), conforme apresentado na Fig. 3.11.

Uma das possibilidades de variação quanto à fixação dos banzos nas juntas tipo cruzeta simples (Fig. 3.8) é a colocação deles por cima da junta, em vez do embutimento dos tubos nas linguetas. Nesse caso, há o aparecimento de excentricidades cujos valores teóricos são as respectivas distâncias do eixo de cada tubo ao eixo da chapa de base da cruzeta. Os momentos fletores oriundos dessas excentricidades podem ser combatidos pelo reforço da junta com nervuras verticais posicionadas estrategicamente (Figs. 3.12 e 3.13).

Esse tipo de junta, apesar das excentricidades e dos serviços extras de reforço, tem a vantagem de apresentar maior facilidade na montagem ou na desmontagem dos banzos, uma vez que, nessas operações, eles não sofrem interferências dos embutimentos das peças tubulares nas linguetas. As peças diagonais permanecem como nas situações anteriores.

Para as malhas curvas, cilíndricas ou geodésicas, recomenda-se o estudo de juntas especiais, tendo como referência a Fig. 3.14.

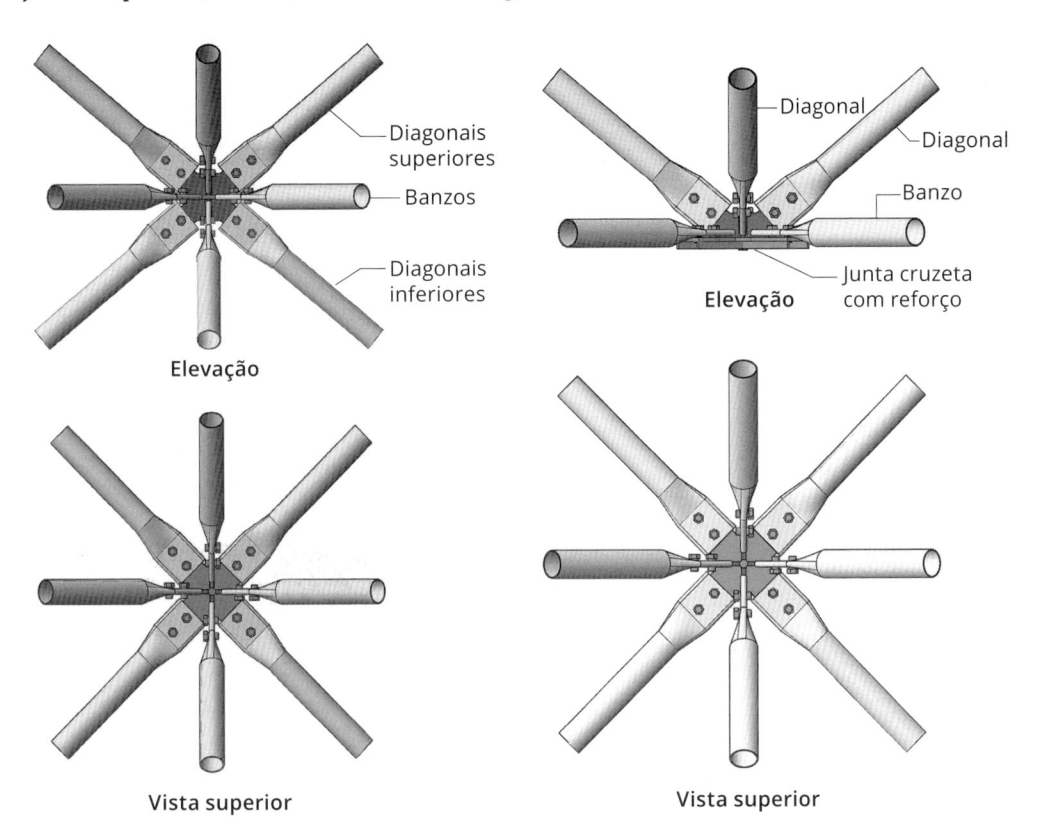

Fig. 3.11 *Junta tipo cruzeta para estruturas espaciais de três camadas (banzos superiores, banzos intermediários e banzos inferiores), em que se nota o aparecimento de diagonais superiores e inferiores – uso em estruturas espaciais em aço ou alumínio*

Fig. 3.12 *Junta tipo cruzeta em que os banzos são fixados por cima da chapa de base da junta, ensejando o aparecimento de excentricidades construtivas que devem ser combatidas por reforço da junta – uso em estruturas espaciais tubulares em aço ou alumínio*

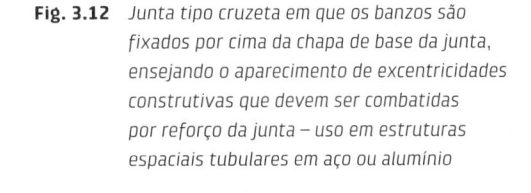

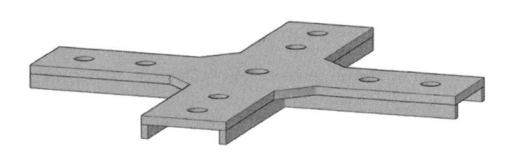

Fig. 3.13 *Detalhe de uma junta tipo cruzeta com reforço na forma de nervuras ao longo das linguetas*

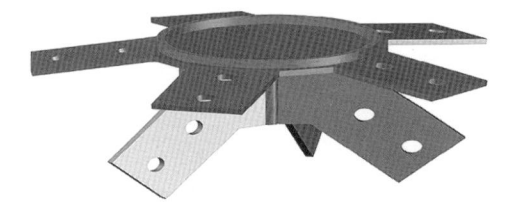

Fig. 3.14 *Detalhe de uma junta tipo cruzeta utilizada em cúpulas geodésicas de casca dupla, com um anel de reforço contra possíveis flexões*

A construção da junta da Fig. 3.14 é mostrada esquematicamente na Fig. 3.15.

Atualmente, no País, as obras mais relevantes (de grandes vãos) em estrutura espacial usam as juntas tipo cruzeta. Devido a sua simplicidade construtiva, podem ser fabricadas por processos de corte e solda manuais ou semiautomáticos, com bons resultados estéticos e estruturais. A grande vantagem desse tipo de junta é a possibilidade de embutimento de suas extremidades dentro da peça tubular respectiva (banzo ou diagonal), aumentando sobremaneira sua resistência à flambagem por esforços compressivos.

Outro benefício é a possibilidade de utilizá-las em malhas espaciais em aço ou alumínio, sendo, neste último caso, galvanizadas a fogo para que seja mitigado o problema de corrosão eletrolítica entre os diferentes metais (aço e alumínio) (Fig. 3.16).

3.4 Junta em cruzeta com chapa de base dupla

Ao possuírem uma dupla chapa de base, as juntas em cruzeta passam a ser chamadas de juntas em cruzeta dupla (Fig. 3.17). Nesse caso, as peças tubulares dos banzos ficam fixadas entre essas duas chapas, enquanto as diagonais permanecem conectadas da mesma maneira que no sistema anterior. Podem ser empregadas em malhas planas de duas ou mais camadas e, em alguns casos, apresentam-se esteticamente mais favoráveis. Por outro lado, o emprego desse tipo de junta, devido à condição geométrica das ligações, fica vinculado ao uso de seções tubulares com extremidades "amassadas", descritas na seção 2.1.

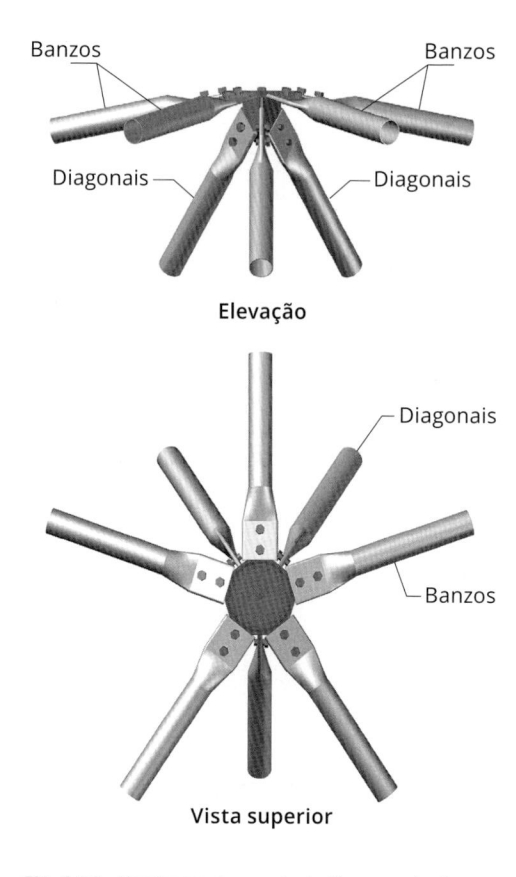

Fig. 3.15 *Montagem de uma junta tipo cruzeta de uma cúpula geodésica de casca dupla na formulação matemática de Buckminster Fuller. Observa-se um pentágono formado pelo vértice central do icosaedro para onde convergem cinco banzos e três diagonais*

Fig. 3.16 *Junta tipo cruzeta em aço de uma malha espacial em alumínio. As partes em aço foram especialmente tratadas para evitar a corrosão eletrolítica entre os diferentes metais*

Outra desvantagem é que, dependendo do tipo de acabamento das extremidades dos banzos e das diagonais, esses nós podem apresentar excentricidades indesejáveis, tornando-os mais suscetíveis ao fenômeno de flambagem local da junta por rotação. A não ser em casos especiais de montagem ou de limites no dimensionamento da chapa de base, este autor não vê qualquer vantagem na aplicação das cruzetas duplas em detrimento das simples.

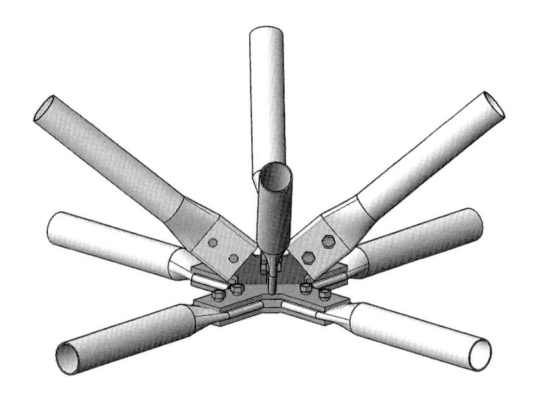

Fig. 3.17 *Junta tipo cruzeta com chapa de base dupla, que apresenta maior resistência axial, porém enseja o aparecimento de excentricidades*

3.5 Junta Kieffer

A junta Kieffer, de origem incerta, é formada pela junção das extremidades estampadas ou "amassadas" dos perfis tubulares de seção circular de banzos e diagonais, conectadas todas entre si por um só parafuso, como ilustrado na Fig. 3.18. Nesse sistema construtivo, as peças diagonais, além de terem suas pontas estampadas, recebem ainda um dobramento em ângulo tal que facilite seu ajustamento à junta.

Exatamente por permitir a união de várias peças sobrepostas, essa junta apresenta grandes excentricidades, provocando, assim, o aparecimento do fenômeno de flambagem por rotação da própria junta, caso alguns cuidados nas cargas-limites não sejam tomados.

No Brasil ela é ou era muito conhecida entre projetistas e fabricantes de estruturas espaciais, com o nome de *junta de pontas "amassadas"* ou *junta "amassada"*. É muito econômica e, apesar de mostrar-se estruturalmente imprópria e feia com o passar dos anos, ainda é empregada para estruturas espaciais de pequenos vãos, tomando-se as devidas precauções estruturais e construti-

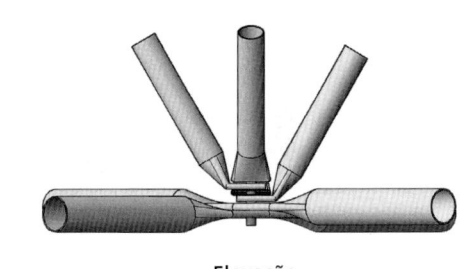

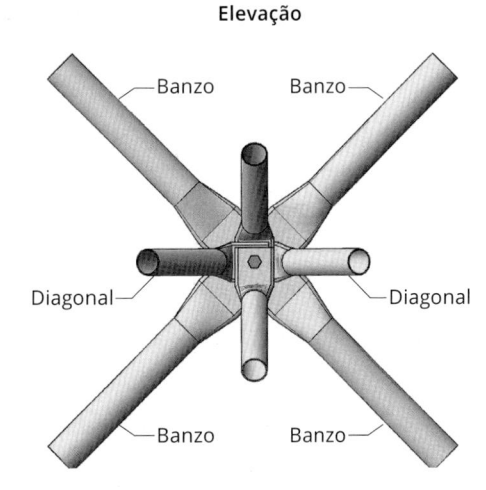

Fig. 3.18 *Junta Kieffer, cujas diagonais têm suas extremidades estampadas e dobradas, causando grandes excentricidades. Os banzos podem ser contínuos ou com emenda dentro da junta, aumentando ainda mais a excentricidade. Todas as peças são fixadas por um único parafuso*

vas. Porém, não obstante a persistência de sua utilização no País, ela há muito foi abolida nos países mais desenvolvidos.

Alguns trabalhos técnicos foram publicados no Brasil enfatizando a impropriedade do uso desse tipo de junta. Outras publicações, no entanto, mostram que, ao aumentar o espaço entre o plano dos banzos e o ponto de união das diagonais, resolve-se o problema das excentricidades, tornando a junta estável e estruturalmente viável.

Na Fig. 3.19 apresenta-se a junta Kieffer em detalhe, enquanto na Fig. 3.20 é exibida sua aplicação numa estrutura espacial com tubos de alumínio.

Fig. 3.19 *Juntas Kieffer onde se veem banzos contínuos sobrepostos, bem como diagonais com pontas "amassadas" e viradas sobrepostas entre si*

Fig. 3.20 *Ginásio Dirceu Arcoverde, em Teresina (PI). Estrutura espacial com tubos de alumínio e juntas Kieffer. Execução da Côncava Construções Ltda. e projeto estrutural do autor*

3.6 Sistemas Unistrut, Triodetice Geometrica

Em meados do século XX, com o crescimento das obras de reconstrução civil, principalmente na Europa Ocidental do pós-guerra, e o consequente desenvolvimento industrial da Inglaterra e dos Estados Unidos, muitas empresas foram criadas para preencher a grande lacuna na produção rápida de estruturas de coberturas leves e econômicas. Assim, surgiram diversas empresas fabricantes de estruturas metálicas, cujos próprios sistemas construtivos de reticulados espaciais apresentavam diferentes modos de ligação de suas peças componentes. Algumas delas permanecem até hoje, ao passo que outras saíram do mercado ou mudaram de atividade.

3.6.1 Unistrut

A Unistrut é uma empresa americana que, apesar de ter sido fundada por volta de 1924 com a finalidade de fabricar *racks* de armazenagem e instalações elétricas, desenvolveu um interessante sistema para coberturas espaciais chamado de Moduspan, cujo ápice deu-se nos anos de 1950 a 1980 (Fig. 3.21).

As barras para banzos e diagonais eram laminadas a frio em forma de seções "U" enrijecidas e dimensionadas de acordo com os esforços máximos na estrutura. As juntas propriamente ditas eram pré-formadas e pré-furadas na chapa de base por estampagem única em prensa hidráulica.

A grande vantagem desse sistema era a facilidade de fabricação e montagem de suas peças, uma vez que todas as juntas e barras tinham os mesmos padrões dimensionais. Entretanto, justamente por causa dessa exigência de padronização, havia limites no uso de perfis diferentes para banzos e diagonais, restringindo sua aplicação a um determinado vão máximo a ser vencido. O emprego desse tipo estrutural também era limitado, sendo apropriado tão somente para malhas espaciais planas de duas camadas.

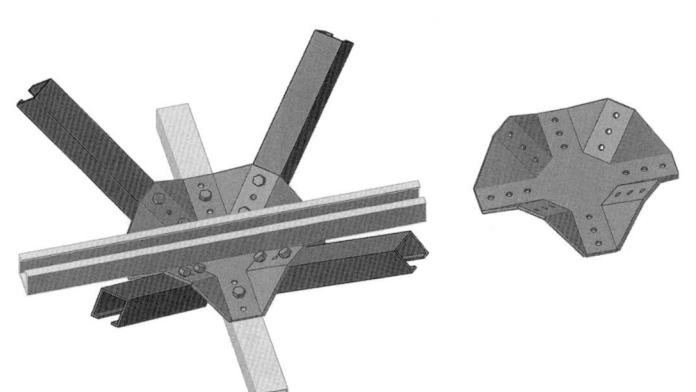

Fig. 3.21 *Sistema Moduspan/ Unistrut, com perfis "Ue" e juntas padronizadas*

Tendo atuado também no mercado europeu, atualmente a Unistrut possui mercado reduzido na área de estruturas para coberturas.

3.6.2 Triodetic

A Triodetic Structures Ltd., empresa canadense especializada em estruturas espaciais tubulares em alumínio, desenvolveu uma junta muito simples a partir de um tarugo produzido, em sua geometria final, pelo característico processo de extrusão e em cujas ranhuras fixavam-se verticalmente as respectivas extremidades "amassadas" dos banzos e das diagonais que para ali convergiam (Fig. 3.22).

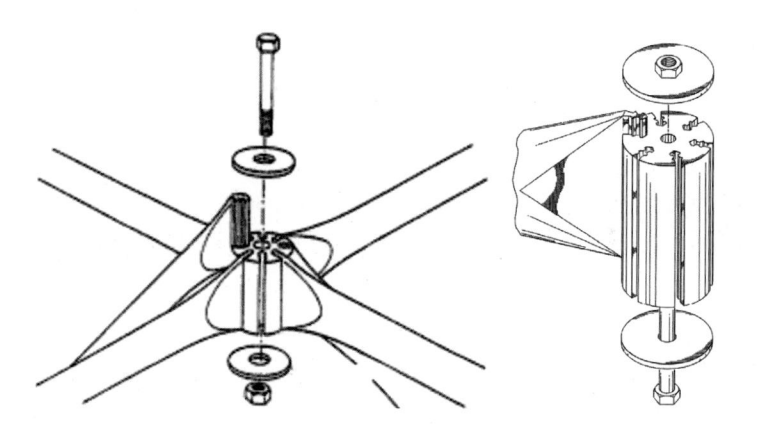

Fig. 3.22 *Sistema Triodetic, composto por barras em alumínio, em que banzos e diagonais são fixados em um tarugo maciço, também em alumínio, com ranhuras e parafuso central*

Essa junta era aplicável principalmente a malhas espaciais geodésicas, em que se chegava a conectar seis banzos e três diagonais. Apesar de sua razoável aparência estética, ensaios técnicos conduzidos pela Universidade Técnica de Karlsruhe, na Alemanha, concluíram que, devido a sua geometria construtiva, havia a possibilidade de ruína do sistema por flambagem por rotação em torno do eixo vertical da junta sob cargas bastante inferiores às de flambagem por flexão das barras contíguas.

3.6.3 Geometrica

Não obstante os estudos da universidade alemã, surgiu em 1992 uma empresa chamada Geometrica, com sede em Houston (EUA) e de grande sucesso atual, que tinha como fundamento técnico o sistema de formas livres (*free forms*) em cascas reticuladas (*gridshells*), cujo esquema construtivo era bastante semelhante ao anterior, porém melhorado (Fig. 3.23). Desde sua fundação, ela tem apresentado ao mercado inúmeras estruturas espaciais nesse inusitado sistema de formas livres, cobrindo áreas com vãos maiores que 100 m.

Fig. 3.23 *Junta típica do sistema Geometrica*
Fonte: cortesia da empresa Geometrica.

Tudo começou no início de 1965, quando o Dr. Douglas Wright (1927-2020), futuro fundador da empresa, publicou um importante trabalho sobre a criação e o desenvolvimento das cascas reticuladas (Wright, 1965). A partir desse trabalho, Wright e o empreendedor Francisco Castaño, pai do atual CEO da empresa, desenvolveram estudos para o uso prático das geometrias dessas cascas.

A Geometrica é considerada hoje uma das maiores e mais importantes fabricantes de estruturas espaciais no panorama mundial das estruturas metálicas. Suas obras, além das "bem-comportadas" malhas espaciais planas, têm foco principal nas coberturas de simples ou dupla curvatura, desde os domos geodésicos de base circular até a mais complexa e irregular superfície reversa (Figs. 3.24 e 3.25).

O segredo do sucesso, assim como em outros sistemas construtivos, está na junta. O sistema Geometrica consiste em: a) tubos de seção circular em aço, galvanizados a fogo, ou em alumínio, cujas extremidades são "amassadas" e usinadas para a criação de um tipo de alto relevo, e b) nó cilíndrico ranhurado na vertical, fabricado em alumínio por processo de extrusão, com furo central para parafuso de fixação único e arruelas. Os tubos dos banzos e das diagonais são inseridos nessas ranhuras, com seus respectivos "amassamentos" na posição vertical, dando à junta resistência adicional à rotação.

Fig. 3.24 Gridshell *em superfície reversa*
Fonte: cortesia da empresa Geometrica.

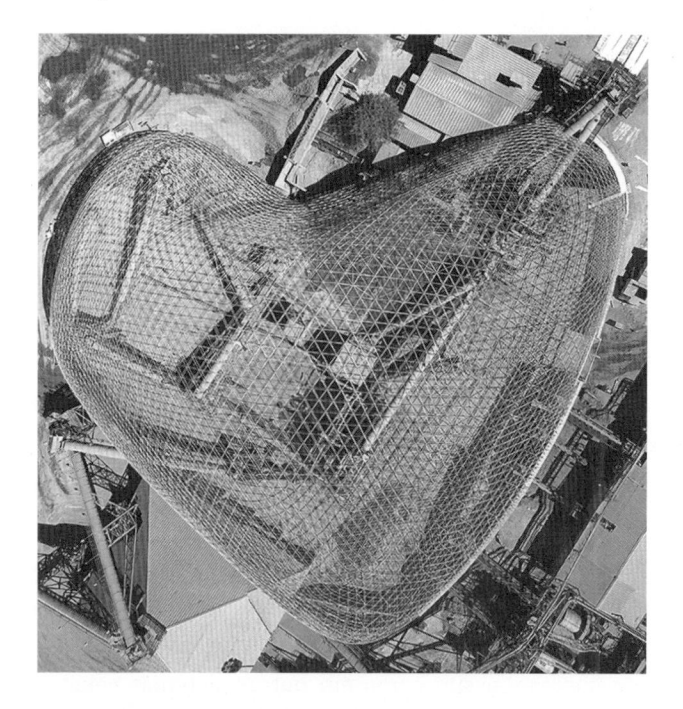

Fig. 3.25 *Vista superior de uma malha espacial de casca reticulada de geração geométrica livre envelopando todos os prédios de um complexo industrial*
Fonte: cortesia da empresa Geometrica.

4

SISTEMAS DE APOIOS EM MALHAS ESPACIAIS

Prédio do Senac em Santos (SP). Cobertura em malha espacial em aço com pintura eletrostática. Execução da Esmel Indústria de Estruturas Mecânicas, projeto de arquitetura da Sergio Teperman Arquitetura e Urbanismo e projeto estrutural do autor. Inauguração no ano de 1990

4.1 Definição de aparelho de apoio

O elemento encarregado da transmissão das forças reativas da estrutura para seus respectivos pontos de sustentação é denominado *aparelho de apoio* ou simplesmente *apoio*. Em se tratando de estruturas espaciais, esses apoios são classificados em diretos (em pilares de concreto ou perfis em aço), indiretos em braços simples e indiretos em braços intertravados (Fig. 4.1). Suas localizações são ilustradas na Fig. 4.2.

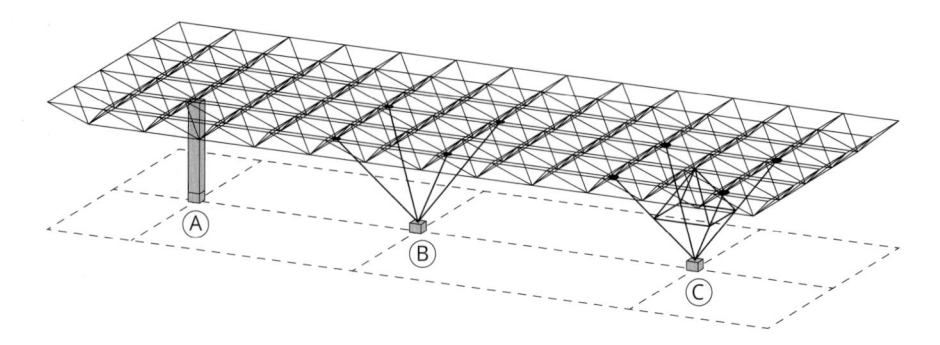

Fig. 4.1 *Tipos básicos de apoio em malhas espaciais: (A) apoio direto, (B) apoio indireto em braços simples e (C) apoio indireto em braços intertravados*

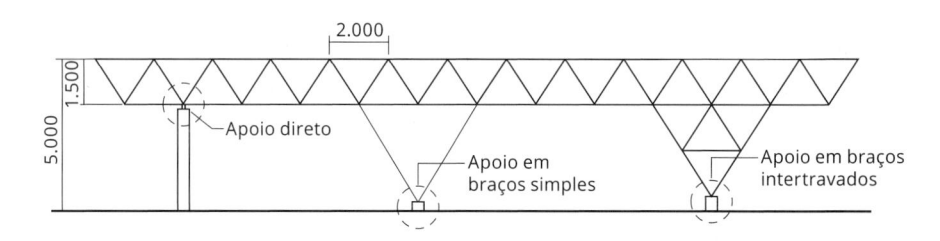

Fig. 4.2 *Localização dos tipos de apoio*

Embora se considere que os aparelhos de apoio sejam teoricamente concebidos como rótulas (não transmitem esforços de rotação ou momentos à infraestrutura), algumas vezes, por motivos construtivos, aparecem excentricidades importantes. Nesses casos, os momentos oriundos devem ser incorporados ao grupo das reações nos suportes, obrigando o projetista a verificar os chumbadores para essas novas tensões.

4.1.1 Apoios diretos

Os apoios diretos são aqueles em que as cargas são transmitidas diretamente do nó de cruzamento de banzos, estejam eles em malhas planas ou geodésicas, ao topo do suporte (pilar de concreto, por exemplo). Esses apoios podem ainda ser fixos ou móveis.

Apoios fixos

São aqueles em que os deslocamentos estão todos restritos (para as malhas planas, por exemplo, ficam impedidos os deslocamentos nas três direções principais: X e Y, horizontais, e Z, vertical) e as rotações são teoricamente livres. Os apoios dessa natureza obrigam a absorção total das reações pela infraestrutura, que deve ser cuidadosamente dimensionada para tal. Seu esquema é ilustrado nas Figs. 4.3 e 4.4.

Apoios móveis

Em contrapartida, apoios móveis (Fig. 4.5) são aqueles em que o movimento em pelo menos uma direção é liberado. No caso de estruturas espaciais planas, podem existir apoios móveis no plano horizontal em uma ou mais direções, ficando restrito somente o deslocamento vertical. Esses apoios são muito utilizados quando se quer evitar tensões adicionais oriundas da dilatação térmica da estrutura e a consequente transmissão de esforços à infraestrutura de suporte.

4.1.2 Apoios indiretos ou em braços

Os apoios indiretos (Fig. 4.6) são aqueles em que a transferência das cargas é feita através de peças especiais chamadas de braços de suporte, cujos nós pertencem, em uma extremidade, ao plano dos banzos da estrutura e, na outra, ao ponto único de suporte. Nesses casos, trata-se sempre de apoios fixos, pois assim podem absorver as reações horizontais oriundas desses tipos de apoio.

Construtivamente, recomenda-se que esse tipo de apoio tenha, nas extremidades ligadas aos pontos de suporte, todos os deslocamentos realmente impedidos, apesar de em teoria as rotações serem consideradas livres. Assim sendo, cuidado especial deve ser tomado em simular esse comportamento na fase de cálculo da estrutura metálica e de suporte.

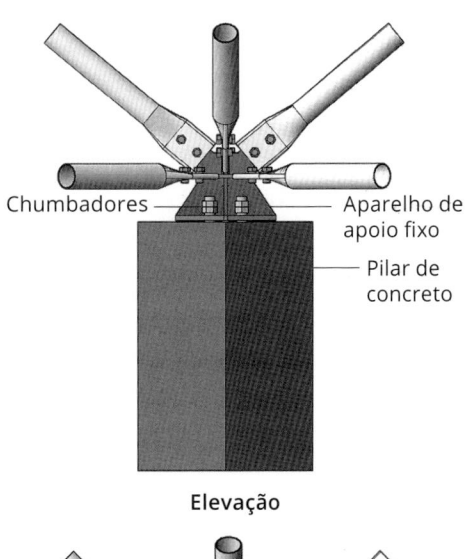

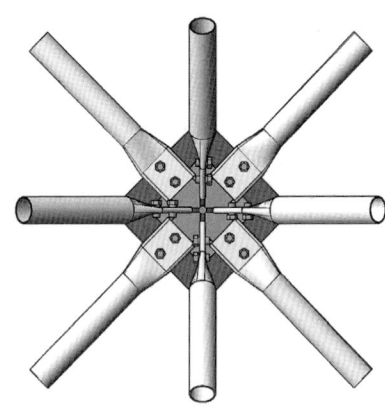

Fig. 4.3 *Apoio fixo, em que ocorrerá o inevitável aparecimento de excentricidade construtiva, cujo valor é igual à distância do eixo do tubo ao topo do pilar, ou seja, haverá um momento na cabeça do pilar*

Fig. 4.4 *Detalhe ampliado de um apoio fixo. Os banzos e as diagonais foram retirados para maior clareza*

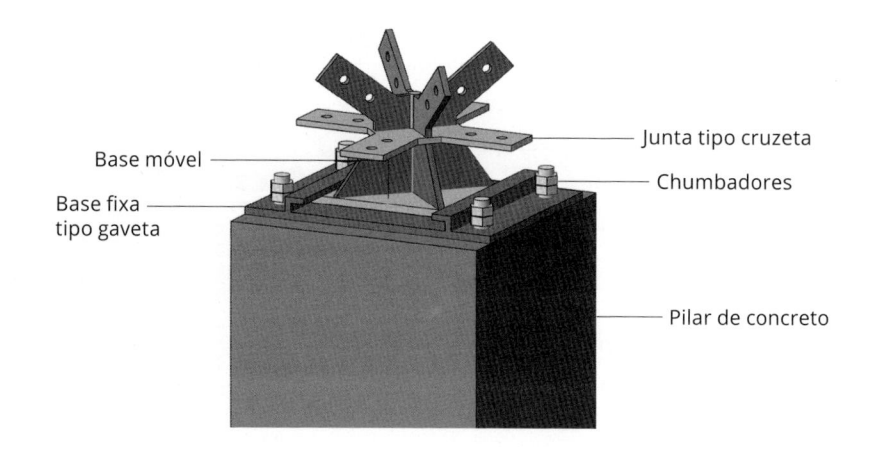

Fig. 4.5 *Detalhe ampliado de um apoio móvel, também sem os banzos e as diagonais. Entre as bases fixa e móvel, existem ainda duas folhas de teflon para garantir o menor atrito possível entre as chapas metálicas*

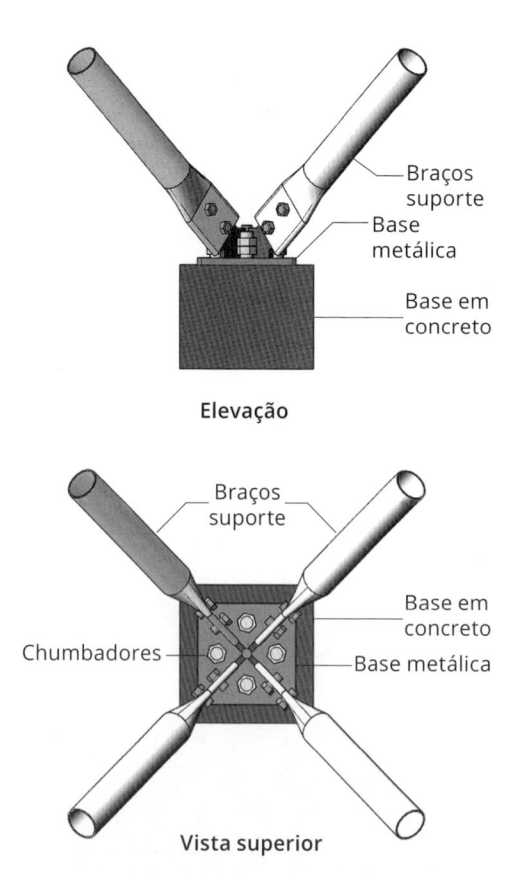

Fig. 4.6 *Apoio em braços*

4.2 Infraestrutura de suporte e influência no cálculo

Na prática, entretanto, as estruturas espaciais podem apresentar apoios em diversas categorias simultaneamente sem que isso prejudique sua estabilidade. Aparelhos de apoio fixos e móveis, ora diretos, ora em braços (respeitando-se as regras mencionadas), podem conviver pacificamente, bastando para isso que a infraestrutura de suporte seja dimensionada segundo as peculiaridades de cada caso.

Tendo em vista a diversidade de apoios e as diferentes rigidezes das peças em concreto armado que servem de infraestrutura, os *softwares* de cálculo modernos permitem a inclusão desses elementos no processamento, seja de forma direta, entrando-se com suas características físicas e geométricas, seja indiretamente, por adoção de "molas" equivalentes.

Na Fig. 4.7 é esquematizada a deformação de uma mola.

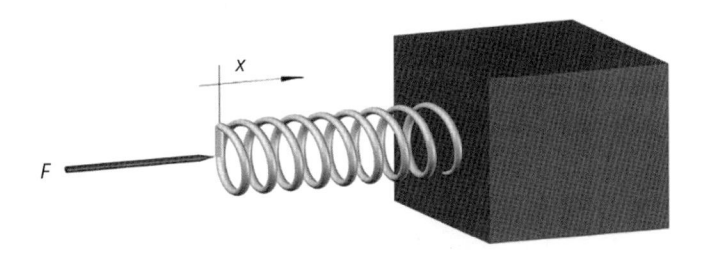

Fig. 4.7 Esquema de deformação de uma mola, cujo comportamento obedece à lei de Hooke, $F = K \cdot x$, em que K é a rigidez da mola e x é a deformação causada pela força aplicada F

4.3 Engastamento de estruturas espaciais – marquises espaciais

Devido à natureza construtiva das malhas espaciais – todas as suas barras são concebidas como treliças, de extremidades teoricamente rotuladas –, a única maneira de prover seu engastamento na infraestrutura de suporte é utilizar um braço de alavanca gerado pela conjugação de dois ou mais apoios em nós contíguos. Estruturas em balanço para marquises, ou outras, que necessitam da absorção de flexões (momentos fletores) empregam esse sistema para sua adequada estabilidade (Figs. 4.8 e 4.9). Nessas condições, cada apoio fica sujeito a esforços alternados de tração e compressão basicamente, além da reação vertical.

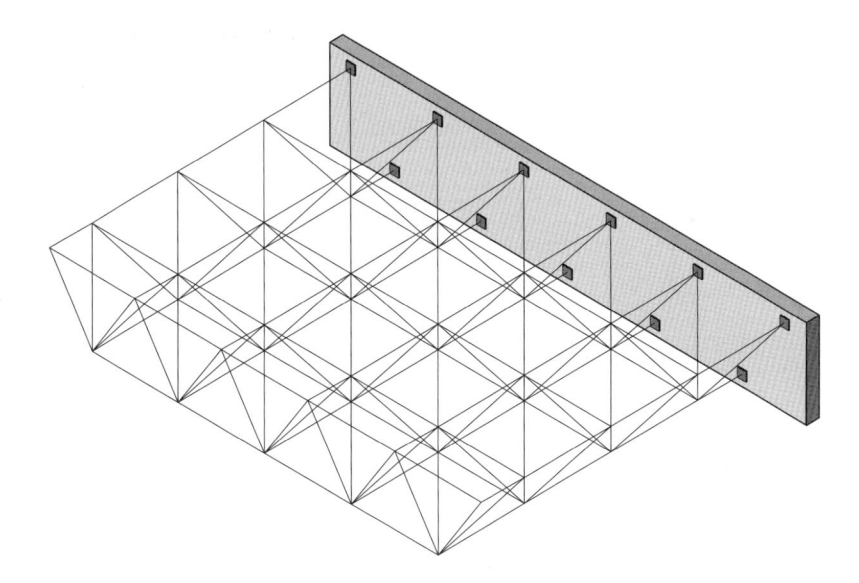

Fig. 4.8 Malha espacial engastada em marquise. O efeito de engastamento se dá pelas reações horizontais opostas (operando como um binário de forças). Para cargas agindo de cima para baixo, as ações horizontais superiores nos apoios são de tração, e as inferiores, de compressão. Essas forças podem ter sinais invertidos dependendo da direção da carga solicitante

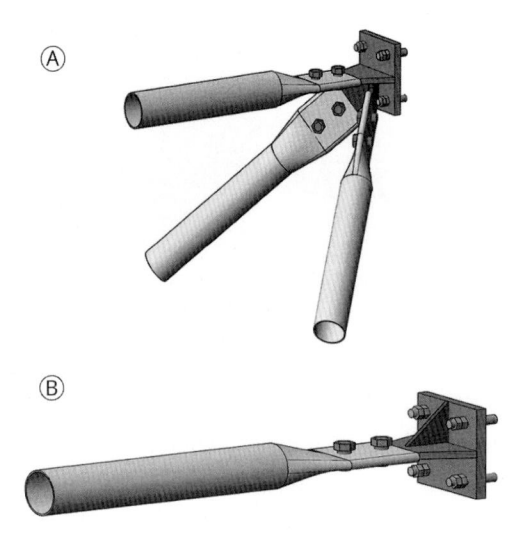

Fig. 4.9 Detalhe de (A) um apoio superior e (B) um apoio inferior da marquise mostrada na Fig. 4.8

5
CAMPOS DE APLICAÇÃO DAS MALHAS ESPACIAIS

Valley Plaza Shopping Center, em Bakersfield (Califórnia, EUA). Cobertura do lounge na forma de estrutura geodésica de formulação livre no sistema próprio da Geometrica, que gentilmente cedeu a foto. Inauguração no ano de 2001

São inúmeros os campos de aplicação das malhas espaciais. Cada vez mais as empresas fabricantes mais modernas usam esse sistema construtivo com eficiência e economia, em terra, no mar e até no espaço.

Como exemplo de aplicação ao extremo dessa tecnologia, é possível citar a Estação Espacial Internacional (ISS), cuja construção durou de 1998 a 2011 (Fig. 5.1).

Trata-se de um complexo estrutural em barras tubulares de alumínio de tal grandeza que é a maior obra humana já colocada no espaço, sendo visível da Terra a olho nu. Em órbita a cerca de 400 km de nosso planeta, seu projeto envolveu 16 países, ao custo total de mais de US$ 150 bilhões. Suas dimensões externas finais são de aproximadamente 100 m × 70 m, pesando em torno de 470 t com os equipamentos. A treliça espacial principal tem cerca de 100 m de comprimento e é composta por perfis em alumínio especialmente projetados para as cargas dinâmicas de lançamento (com grandes acelerações), as cargas dos equipamentos e da operacionalização e, ainda, as enormes dilatações térmicas devidas à grande variação de temperatura no espaço.

Fig. 5.1 Estação Espacial Internacional, construída em módulos de treliças espaciais tubulares em alumínio
Fonte: Nasa (bit.ly/3JsvThh).

Fig. 5.2 Banco da China em Hong Kong, com treliças espaciais em sua concepção estrutural
Fonte: Tim Wang (CC BY-SA 2.0, https://flic.kr/p/2LFdPs).

A escolha do sistema construtivo e do material (treliça espacial e alumínio, respectivamente) deveu-se à excelente relação resistência/peso desse material e à facilidade de transporte e montagem das peças no espaço, sem gravidade. De todos os sistemas construtivos investigados, a solução em treliças tridimensionais foi a única a preencher os rigorosos requisitos do projeto.

Outro exemplo de magnífica aplicação de treliça espacial em grande escala é o edifício-sede do Banco da China em Hong Kong, construído em 1990 em estrutura metálica e com 367 m de altura até o topo da antena, sendo ainda hoje um dos prédios mais altos do mundo (Fig. 5.2). Por estar localizado numa zona de alto risco de terremotos, o uso de treliças nas três direções, com as barras remetendo ao bambu e à sua incrível resistência, foi fundamental para a viabilidade econômico-estrutural do empreendimento. Devido à sua arquitetura moderna e arrojada, o responsável pelo projeto, o sino-americano I. M. Pei (1917- 2019), foi agraciado com vários prêmios internacionais.

No Brasil, as estruturas reticuladas espaciais são empregadas principalmente em prédios com coberturas horizontais e cúpulas geodésicas, tais como terminais de passageiros de aeroportos e prédios auxiliares, shopping centers e outros prédios comerciais, complexos industriais com grandes galpões horizontais, ginásios poliesportivos e centros de convenções (Figs. 5.3 a 5.6).

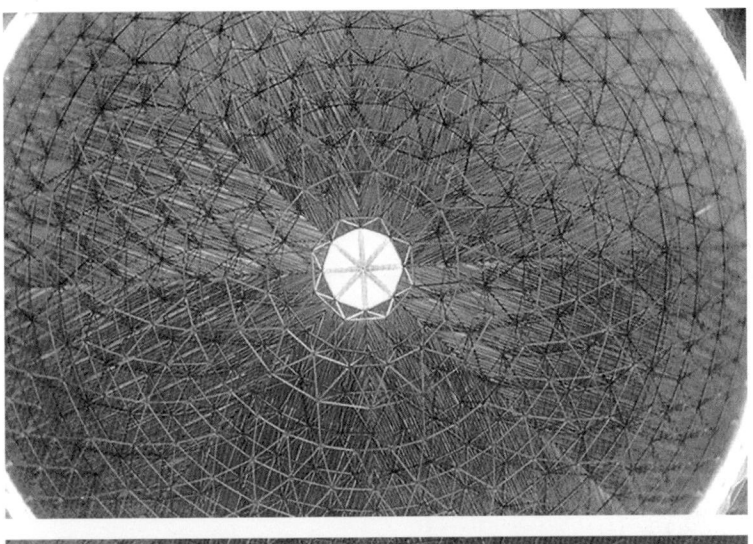

Fig. 5.3 *Ginásio Municipal de Campina Grande (PB). Estrutura espacial geodésica de formação geométrica livre e casca dupla, com diâmetro de 80 m. Execução da Esmel Indústria de Estruturas Mecânicas e projeto estrutural do autor. Inauguração no ano de 1992*

Fig. 5.4 Saguão de entrada do Aeroporto Internacional de Brasília (DF). Estrutura espacial piramidal em alumínio. Execução da Esmel Indústria de Estruturas Mecânicas e projeto estrutural do autor. Inauguração no ano de 1992

Fig. 5.5 Área de check-in do Aeroporto Internacional de Fortaleza (CE). Estrutura espacial tetraédrica em tubos de aço. Execução da Alusud Estruturas Metálicas, projeto de arquitetura da Muniz Deusdará Arquitetos Associados e projeto estrutural do autor. Inauguração no ano de 1992

Fig. 5.6 Fachada principal do pavilhão industrial da Grendene em Sobral (CE). Estrutura espacial piramidal em alumínio. Execução da Metal Arte Estruturas Metálicas, projeto de arquitetura de Herbert Rocha e projeto estrutural do autor. Inauguração no ano de 1993

6
FORMAÇÃO E CLASSIFICAÇÃO DA GEOMETRIA DAS MALHAS ESPACIAIS

Terminal Rodoviário Antônio Bezerra, em Fortaleza (CE). Várias estruturas espaciais em alumínio para cobertura das respectivas estações de passageiros do sistema viário do município. Execução da Hispano Estruturas Metálicas e projeto estrutural do autor. Inauguração no ano de 2013

Em analogia às diversas formas em que se apresentam na natureza, estruturas espaciais podem ter qualquer formação geométrica estável. No entanto, quando se foca o aspecto da produção industrial, deve-se impor limites ao ímpeto criativo, reduzindo a formação da geometria das malhas de reticulados espaciais a somente dois poliedros, cujos elementos constitutivos básicos são a pirâmide e o tetraedro (Fig. 6.1).

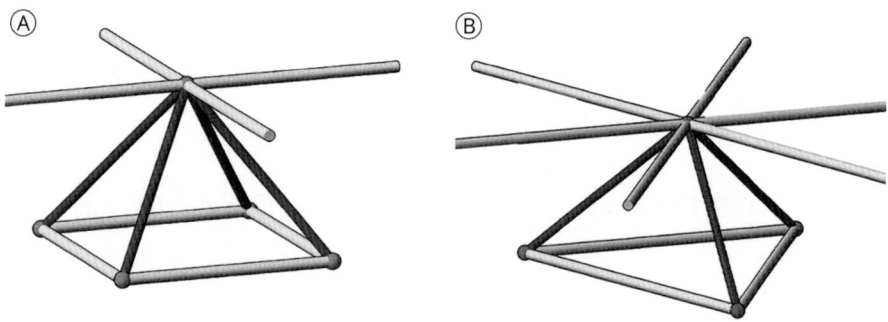

Fig. 6.1 *Elementos construtivos em (A) pirâmide e (B) tetraedro*

Não obstante a utilização exclusiva de um ou outro elemento construtivo, as malhas espaciais podem ser planas ou curvas e formadas em camadas simples ou multicamadas.

Também, independentemente de como elas são construídas, as treliças espaciais podem ser secundariamente classificadas de acordo com o arranjo dos apoios, o modo de transferência das cargas (direta ou indiretamente) e a possibilidade de retirada de alguns elementos constitutivos da malha.

6.1 Malhas ou estruturas espaciais planas

As malhas espaciais planas são aquelas cujos banzos se desenvolvem em planos horizontais definidos e paralelos entre si. Levando-se em conta o elemento espacial construtivo básico, elas podem ser classificadas como de base piramidal ou tetraédrica.

As malhas regulares de base piramidal apresentam modulação repetitiva, quadrada ou retangular, com os banzos de qualquer camada ortogonais entre si, em seus respectivos planos, formando as bases das pirâmides (Fig. 6.2). As diagonais correspondem às arestas das pirâmides, e para cada nó convergem quatro banzos e quatro diagonais.

As estruturas espaciais desenvolvidas a partir desse elemento construtivo são as mais comumente utilizadas por serem mais fáceis de projetar e fabricar, sendo, portanto, bastante econômicas.

Em casos mais raros, as malhas piramidais podem ser construídas com modulação variável, em que as barras que formam os banzos da camada superior ou da camada

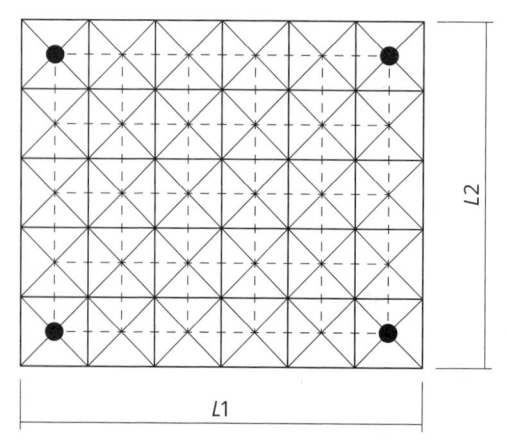

Fig. 6.2 *Vista superior de uma malha espacial piramidal regular, em que L1 e L2 são os comprimentos dos dois lados da estrutura*

inferior, por exemplo, não são ortogonais entre si, em seus respectivos planos, e têm comprimentos diferentes (Fig. 6.3). Como na definição anterior, as diagonais correspondem às arestas das pirâmides, e para cada nó convergem quatro banzos e quatro diagonais.

Essas estruturas são mais complexas e mais difíceis de projetar, fabricar e montar, uma vez que não permitem um grande número de barras ou juntas repetitivas, gerando um produto mais caro.

As malhas planas podem ser também formadas por elementos tetraédricos, conforme exibido na Fig. 6.4. Assim são definidas aquelas de modulação triangular, equiláteras ou isósceles, cujos banzos superiores ou inferiores se interligam formando triângulos e cujas diagonais seguem a orientação das arestas do tetraedro. Essas malhas são arquitetonicamente mais atraentes, porém de uso mais restrito por serem um pouco mais pesadas e, portanto, mais caras em comparação às de modulação piramidal.

Na modulação triangular equilátera, todos os banzos superiores e inferiores têm igual comprimento. Por outro lado, na modulação triangular isósceles, dos três banzos que compõem a base do tetraedro, somente dois possuem comprimentos iguais. Em ambos os casos, todas as diagonais apresentam os mesmos comprimentos, considerando-se cada caso em separado, obviamente.

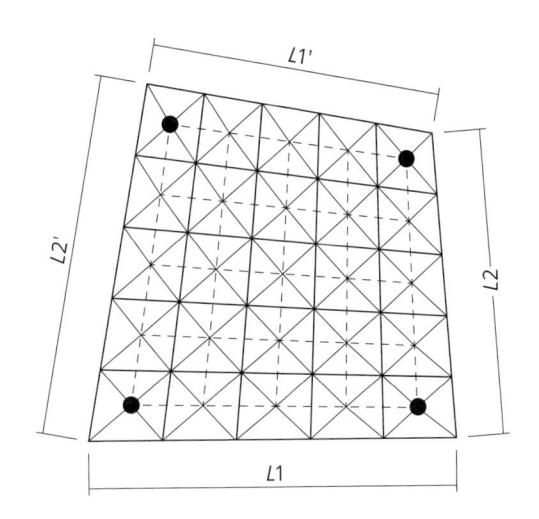

Fig. 6.3 *Vista superior de uma malha espacial piramidal irregular, em que L1 ≠ L1' e L2 ≠ L2', ou seja, todos os banzos e diagonais têm comprimentos diferentes*

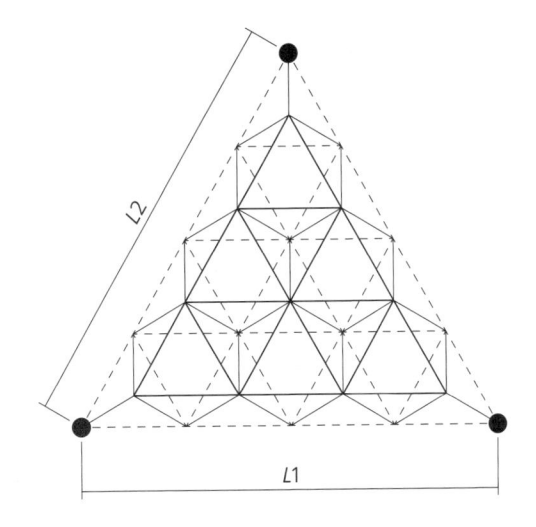

Fig. 6.4 *Vista superior de uma malha espacial tetraédrica triangular*

6.1.1 Malhas de duas ou mais camadas

Para a formação das malhas espaciais planas simples, sejam elas piramidais ou tetraédricas, necessita-se de somente duas camadas. Na camada superior, encontram-se os banzos superiores e, analogamente, na camada inferior, os respectivos banzos inferiores. As diagonais unem os dois planos ou camadas e dão estabilidade ao sistema. Essas são as malhas espaciais mais comuns e construtivamente mais fáceis de executar.

As malhas multicamadas são aquelas formadas por múltiplos planos de banzos (mais de duas camadas) e projetadas especialmente para a transposição de obstáculos na área a ser coberta ou quando há apoios em diferentes níveis, como ilustrado na Fig. 6.5. Também são aplicadas em situações em que se necessita de enrijecimento da estrutura em determinada linha ou mesmo por puro prazer estético.

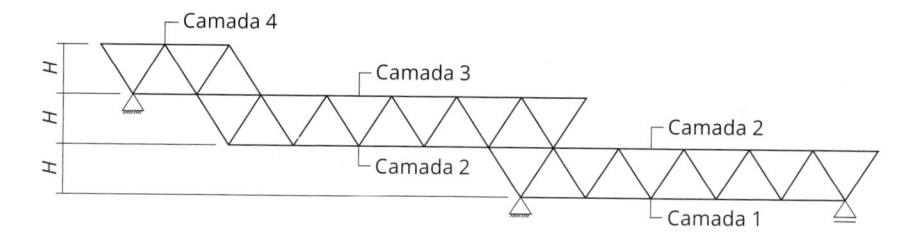

Fig. 6.5 *Corte de uma malha espacial de quatro camadas com apoios em diferentes níveis*

As malhas espaciais de camadas múltiplas apresentam formas arquitetônicas mais interessantes, porém podem oferecer algumas dificuldades no detalhamento do telhado.

É muito comum tirar partido da adição de camadas em uma malha espacial plana para a introdução de lanternins de ventilação ou iluminação naturais, conforme se vê na Fig. 6.6. Devido a inconvenientes de ordem geométrica e construtiva, recomenda-se não acrescentar níveis em malhas tetraédricas.

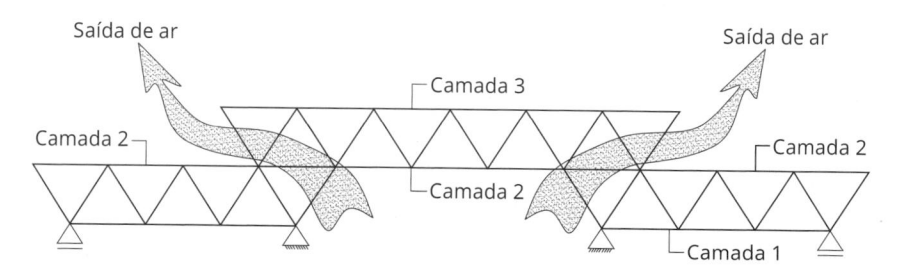

Fig. 6.6 *Corte de uma malha espacial de três camadas com lanternins de ventilação e iluminação*

6.1.2 Sistema estrutural

As estruturas espaciais planas podem ter apenas apoios em seus quatro cantos no caso de coberturas retangulares ou quadradas (Fig. 6.2), ao passo que, em se tratando de coberturas triangulares, pode haver somente três apoios (Fig. 6.4). Nesses casos, tais estruturas comportam-se como se fossem uma laje simplesmente apoiada em suas extremidades. Assim sendo, atenção especial deve ser dada às deformações nos centros das respectivas estruturas.

Ao serem apoiadas ao longo de uma direção principal, tornam-se estruturas espaciais contínuas em uma direção, como o exemplo mostrado na Fig. 6.7. Isto é, as malhas são assim denominadas quando suas composições geométricas se desenvolvem linearmente em uma direção característica, tendo apoios somente ao longo das bordas, com vão transversal constante e espaçamentos de apoios longitudinais mais ou menos regulares. Dependendo da relação entre os vãos dos pilares nas direções transversal e longitudinal do prédio, o uso do sistema espacial nesse caso pode tornar-se antieconômico. Em algumas situações, configura-se maior vantagem o emprego de treliças planas.

Há ainda as estruturas espaciais contínuas em duas direções, que se apresentam como a forma mais comum e econômica (Fig. 6.8). Isso se dá quando as malhas se desenvolvem uniformemente nas direções X e Y do plano horizontal, com apoios internos espaçados regularmente ou não. Devido às ações dos momentos fletores negativos na região dos apoios, essa configuração é a que exibe tensões e deformações menores e mais uniformes.

As malhas espaciais planas de duas ou mais camadas podem ter apoios diretos, em braços ou ambos.

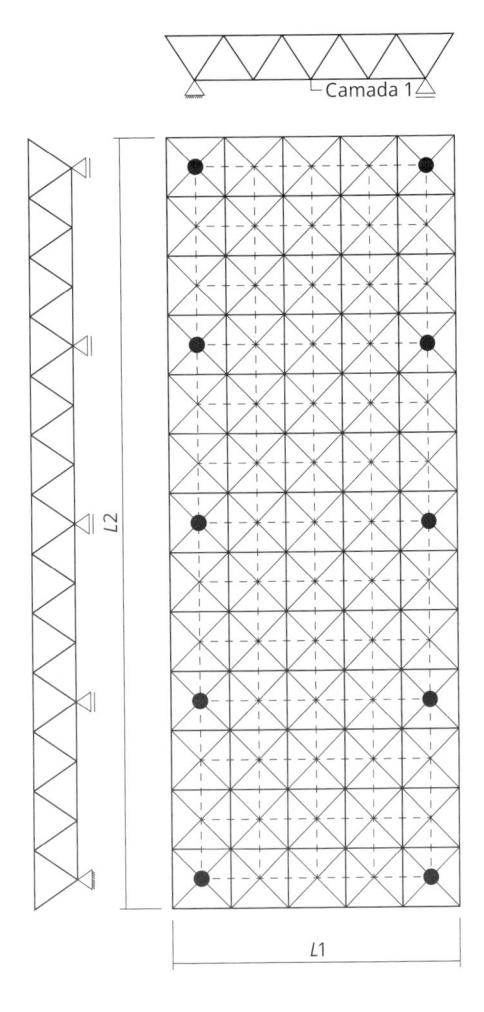

Fig. 6.7 *Estrutura espacial regular e contínua em uma direção*

Importante:

Ao projetar estruturas com apoios em braços, sabendo que esses tipos de suporte devem ter todos os seus deslocamentos (em X, Y e Z) impedidos, atenção especial deve ser dada ao elemento de ancoragem. Além das reações verticais – de compressão ou tração –, esse elemento deve ser dimensionado principalmente para os esforços reativos horizontais nas duas direções, que podem ser maiores ou menores conforme as rigidezes envolvidas nesses apoios (dependendo, obviamente, da conformação geométrica da estrutura metálica em questão).

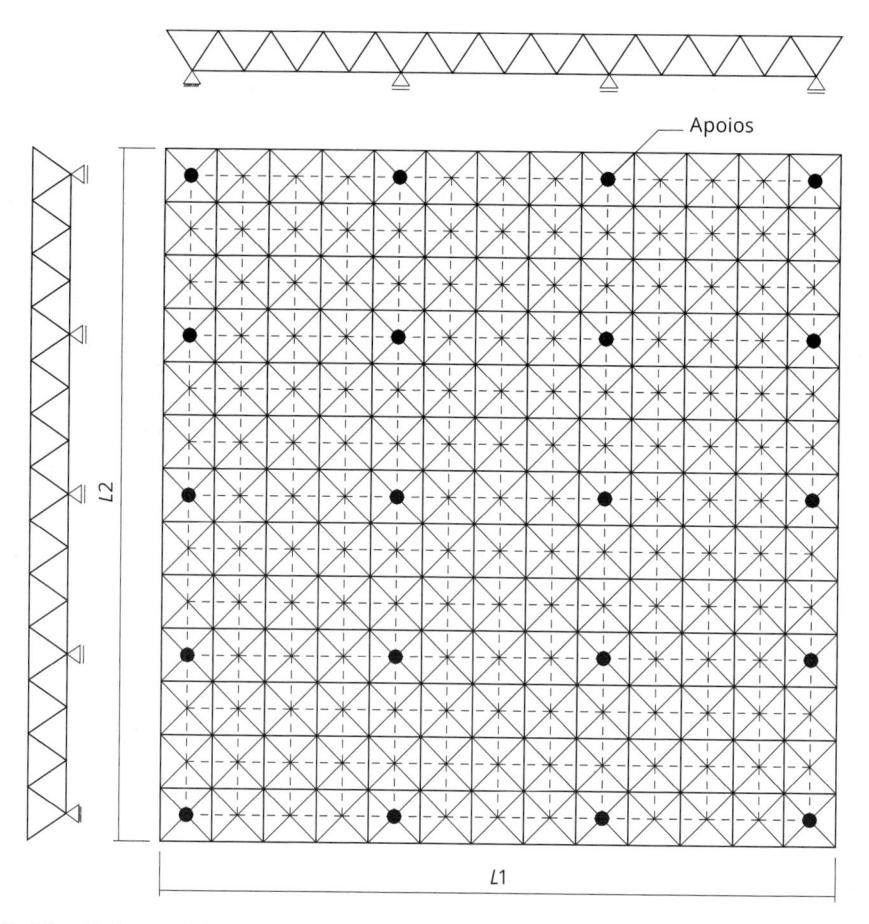

Fig. 6.8 *Malha espacial regular e contínua em duas direções*

6.1.3 Malhas espaciais defectivas

São assim chamadas por, apesar de pertencerem a outra classificação, terem suas geometrias diferenciadas pela subtração ou pela modificação de algumas de suas peças. Essa possibilidade é mais comum nas malhas construídas no sistema piramidal. Na Fig. 6.9 é ilustrado um exemplo desse tipo de malha.

Por motivos estéticos ou construtivos, é possível construir malhas espaciais piramidais planas com algumas linhas de banzos inferiores e respectivas diagonais estrategicamente eliminadas, sem que isso prejudique a estabilidade global da estrutura (Fig. 6.10). Tais formações, por apresentarem vazios ou descontinuidades desses elementos, podem oferecer certa economia, quando da utilização desse artifício de modo repetitivo e sistemático, em grandes malhas. Do ponto de vista estético, essa solução pode interferir na aparência da grelha do banzo inferior ou dificultar o *layout* das luminárias que poderiam ser fixadas aos nós inferiores, por exemplo.

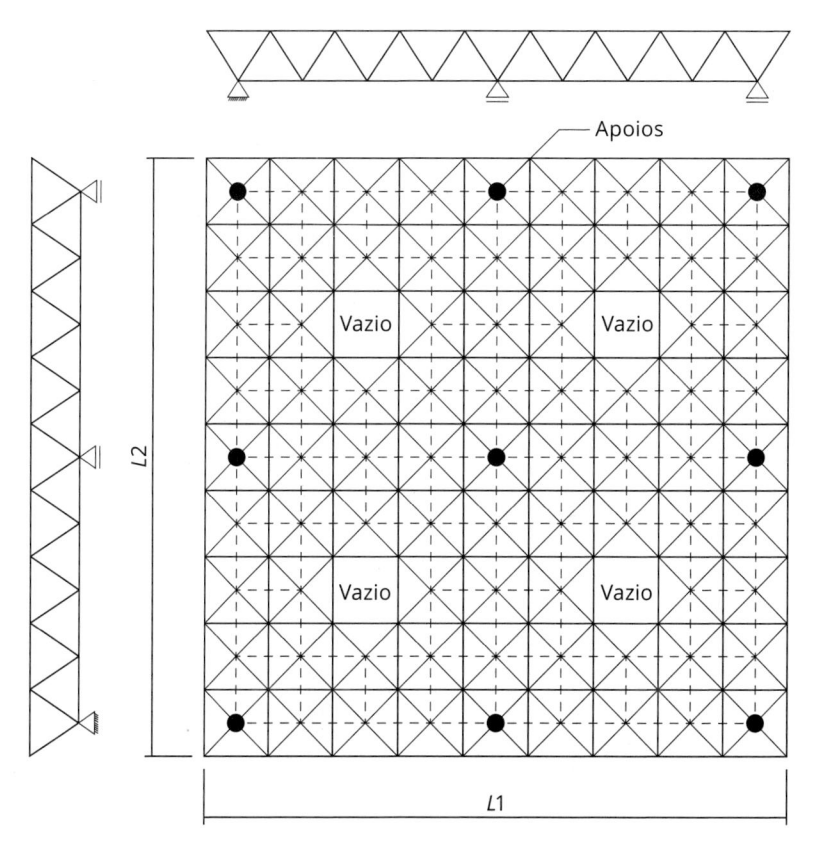

Fig. 6.9 *Malha espacial defectiva em que foram retirados 16 banzos inferiores e 16 diagonais*

6.2 Malhas ou estruturas espaciais curvas

As malhas curvas são aquelas em que cada camada se desenvolve numa superfície espacial cujos nós têm coordenadas variáveis em X, Y e Z. Normalmente são construídas em somente duas camadas paralelas entre si ou concêntricas. As formas geométricas curvas mais comuns são as arqueadas (semicilíndricas; Fig. 6.11) e as geodésicas (Fig. 6.12). De modo geral, as estruturas espaciais projetadas nessa modalidade são sensivelmente mais resistentes aos esforços externos do que as malhas planas e apresentam menor dispêndio de materiais, sendo, portanto, mais econômicas.

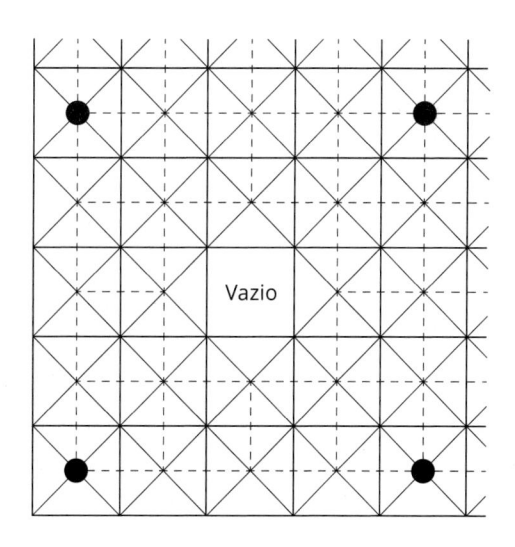

Fig. 6.10 *Detalhe do vazio com a retirada de banzos inferiores e diagonais*

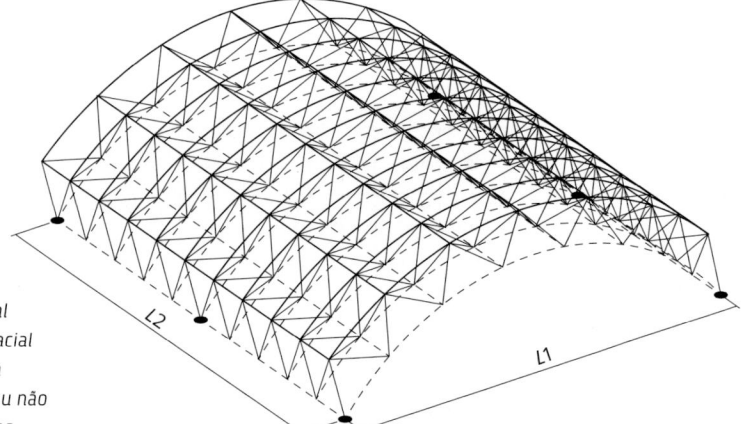

Fig. 6.11 Esquema estrutural de uma malha espacial semicilíndrica, com apoios contínuos ou não somente nas bordas

Modernamente, as estruturas espaciais curvas podem formar superfícies sinclásticas ou dramaticamente anticlásticas, dependendo apenas do elemento que lhes servirá de cobertura. Na Fig. 6.13 exibe-se uma estrutura espacial de cobertura anticlástica.

Tendo em vista ainda a formulação matemática de geração geométrica, as malhas geodésicas podem ser formadas por pirâmides, por tetraedros ou por ambos, em casos de maior complexidade. Via de regra, apresentam barras com grande quantidade de comprimentos diferentes, com ângulos entre banzos e diagonais também muito variáveis.

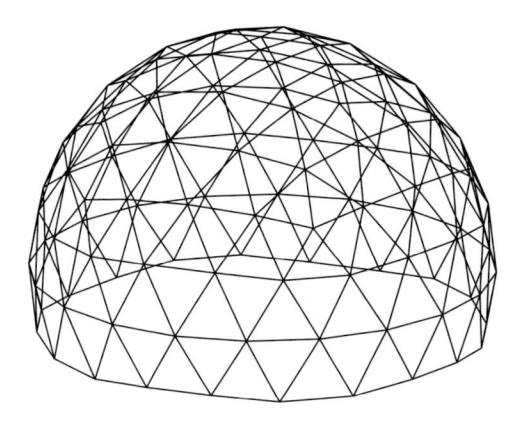

Fig. 6.12 Esquema estrutural de uma malha espacial geodésica de casca simples

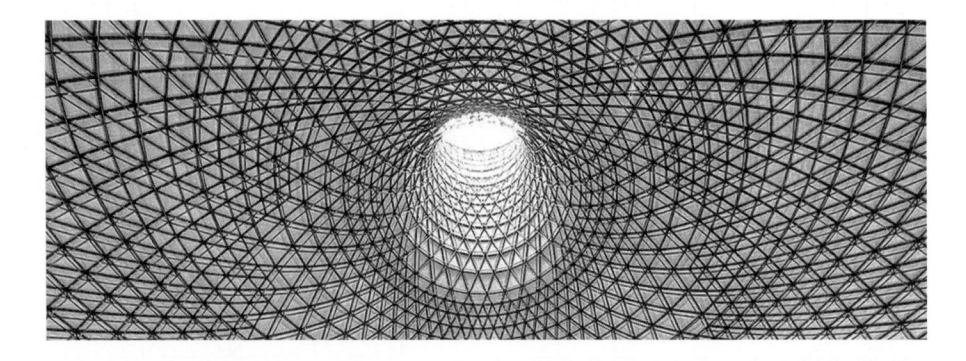

Fig. 6.13 Vista interna de uma estrutura espacial de cobertura em dupla curvatura (anticlástica)
Fonte: cortesia da empresa Geometrica.

As geodésicas podem ser concebidas em uma ou, no máximo, duas camadas. Neste último caso, são denominadas *capas* ou *cascas* (*shells*) *duplas*, sendo construídas concentricamente e separadas entre si por certa distância, na direção radial, cujo valor determina os comprimentos das diagonais que as afastam. Conclui-se, portanto, que uma geodésica de dupla camada é constituída por uma casca interna e uma casca externa, onde residem os banzos, e peças diagonais que as separam entre si.

As malhas espaciais geodésicas podem ser geometricamente desenvolvidas a partir da elegante solução matemática de Buckminster Fuller ou de uma forma livre, pela divisão da superfície esférica em arcos e segmentos retos predeterminados, nas direções radiais e diametrais (Figs. 6.14 a 6.16).

Além das geodésicas, as estruturas curvas podem assumir a forma de cilindros parciais, onde um conjunto de banzos pertence a planos radiais (em arco) e, transversalmente, o outro conjunto pertence a linhas longitudinais.

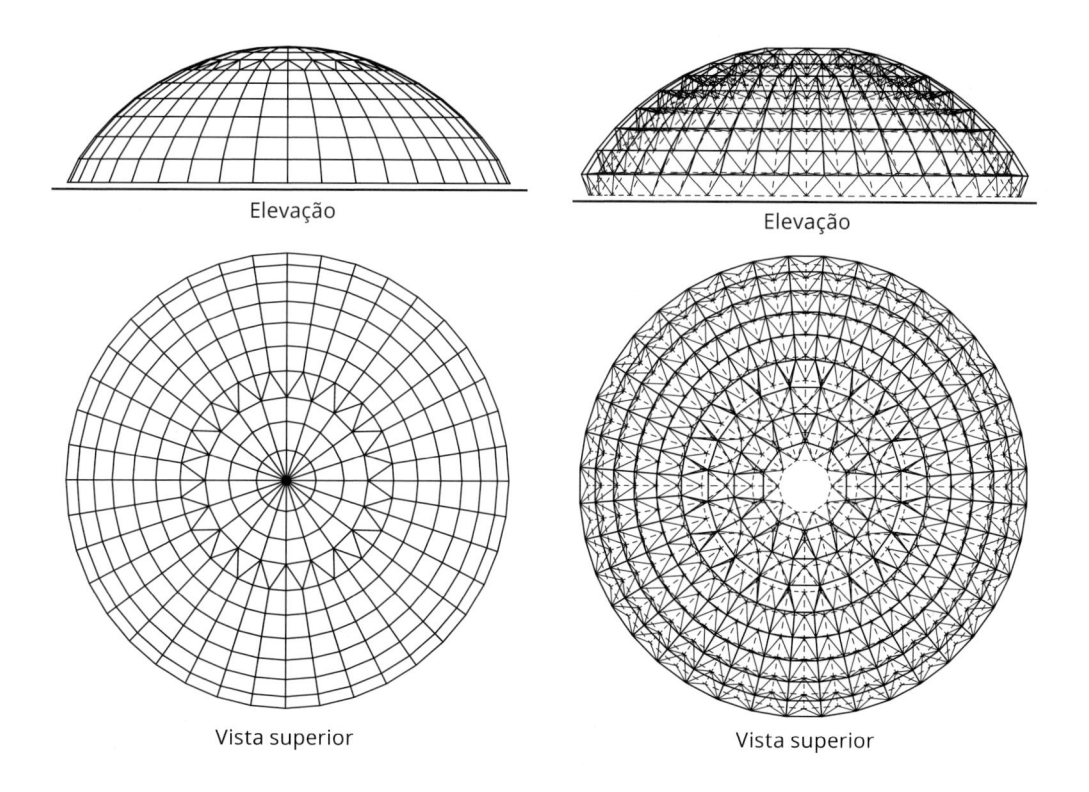

Fig. 6.14 *Cúpula geodésica em casca simples de geração livre*

Fig. 6.15 *Cúpula geodésica em casca dupla de geração livre*

6.3 Malhas ou estruturas espaciais mistas

As malhas espaciais mistas apresentam trechos planos e trechos curvos (Fig. 6.17). Apesar de construtivamente factíveis, deve-se dar especial atenção aos nós da interface entre esses trechos, bem como à compatibilização das geometrias e das modulações deles. É preciso ter cuidado também com o desenvolvimento do telhamento e suas implicações nos acabamentos entre tais trechos.

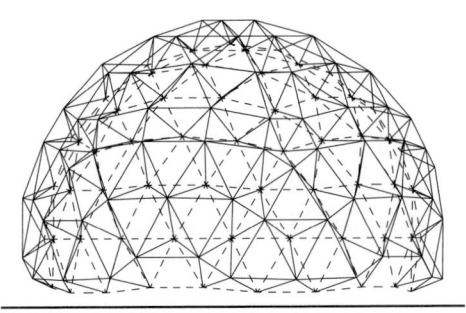

Elevação

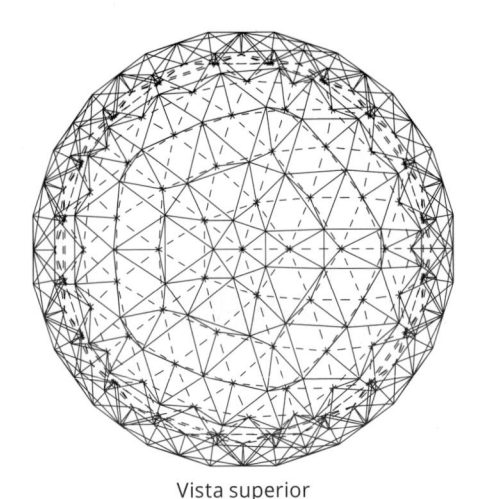

Vista superior

Fig. 6.16 *Cúpula geodésica em casca dupla de geração matemática de Buckminster Fuller e com frequência 3*

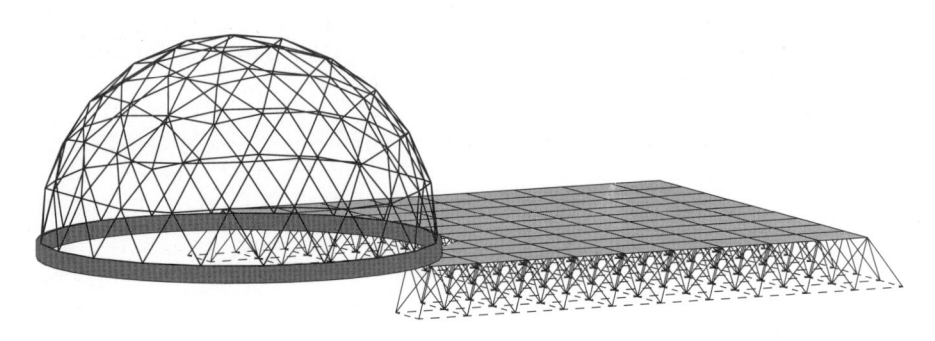

Fig. 6.17 *Estrutura espacial de formação mista – plana e curva*

7 LANÇAMENTO E PRÉ-DIMENSIONAMENTO DE UMA MALHA ESPACIAL

Usina Hidrelétrica de Tucuruí (PA). Cobertura e fechamentos do prédio das turbinas na forma de estruturas espaciais em alumínio. Execução da ASA Alumínio e da SPCOM Construções Metálicas, em consórcio, com o autor desempenhando as funções de gerente do controle da qualidade na fábrica e inspetor técnico em campo. Inauguração no ano de 2010

7.1 Lançamento

Entende-se por *lançamento* a projeção em planta baixa do *grid* de nós e barras que formarão a futura estrutura espacial.

Entretanto, neste capítulo serão abordadas apenas as malhas planas, uma vez que as curvas, pela dificuldade e pela variedade do ajustamento do *grid* com a disposição das paredes etc., são mais complexas de conceber e devem ser estudadas caso a caso, preferencialmente em desenho tridimensional.

Nas Figs. 7.1 a 7.4 são mostradas as fases de lançamento de uma malha espacial para um edifício comercial.

Ao adotar o sistema construtivo em malha espacial para a cobertura ou o fechamento de uma edificação, o projetista deve ter cuidados especiais na escolha dos vãos máximos e mínimos, pois eles influenciam diretamente a modulação dos apoios, os espaçamentos dos nós e a altura da malha. Essa decisão tem fundamental importância também no custo da estrutura metálica e consequentemente na viabilidade econômica da obra como um todo.

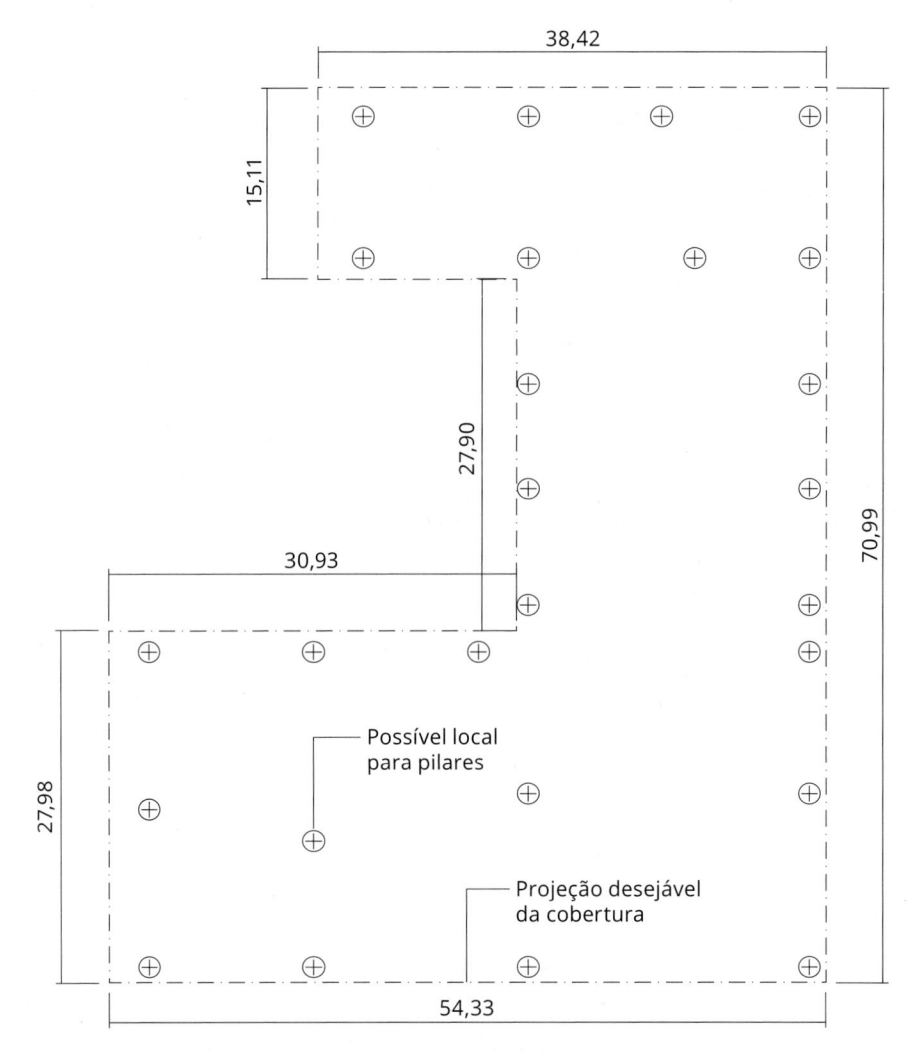

Fig. 7.1 *Planta baixa com os possíveis pilares e a projeção desejável da cobertura. Nessa fase, escolhe-se a modulação piramidal mais adequada às dimensões da obra: 2,50 m × 2,50 m*

O lançamento de uma estrutura espacial deve ser feito, de preferência, concomitantemente ao desenvolvimento do desenho da arquitetura do prédio. Os pontos de apoio oferecidos pela arquitetura devem ser, se não uniformes, múltiplos da modulação dos nós da malha, fazendo com que esses nós coincidam com o alinhamento de banzos superiores ou inferiores para apoios diretos ou indiretos.

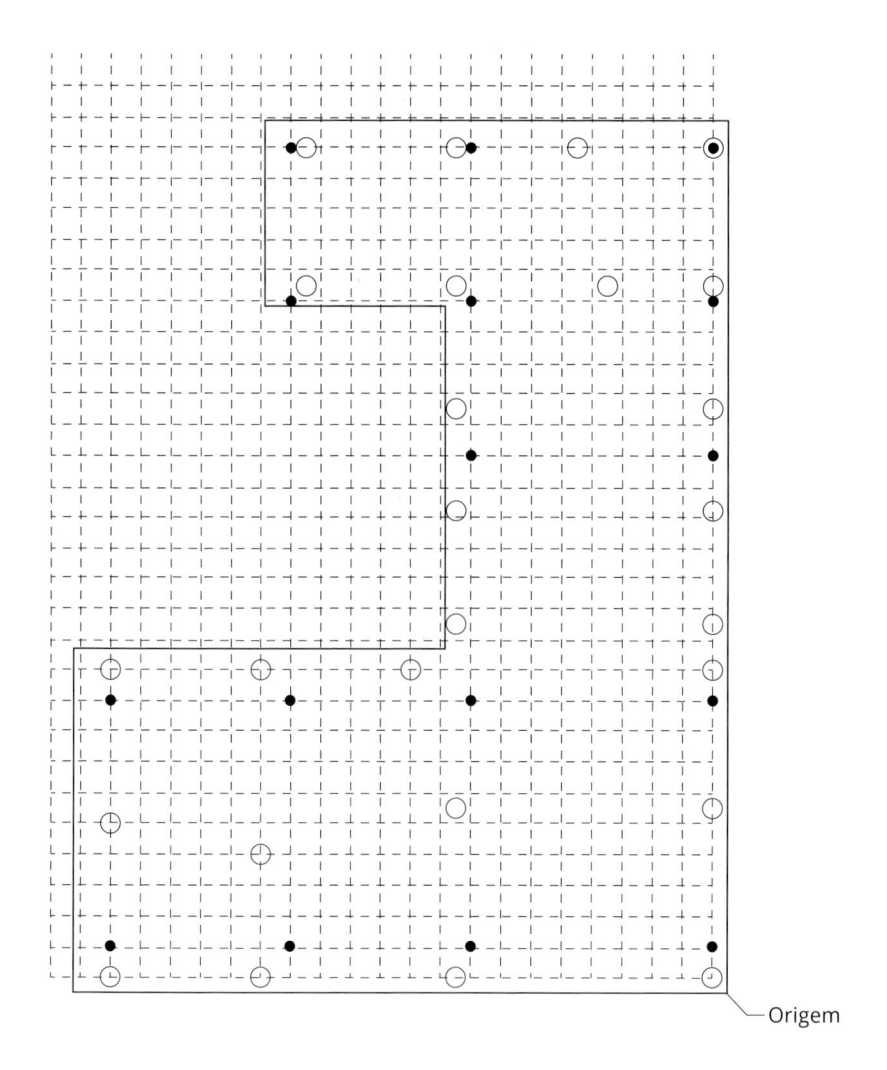

Origem

Fig. 7.2 *Lançamento de grid quadrado de 2,50 m × 2,50 m a partir de uma origem estrategicamente localizada. Esse grid será a futura modulação dos banzos superiores ou inferiores, conforme o melhor julgamento do projetista. No caso em questão, foram escolhidos os banzos inferiores. Em seguida, verifica-se o vão livre máximo que se quer adotar em função da malha e também da viabilidade econômica. Marcam-se, então, os locais dos novos pilares, sejam eles coincidentes ou não com os antigos locais, ou pelo menos o mais próximo possível deles. O vão máximo adotado foi de 20 m*

Quando possível, é desejável que a modulação dos nós seja múltipla de certa paginação (de piso, por exemplo) adotada como padrão pela arquitetura ou vice-versa. Além de proporcionarem maior racionalização na produção e, portanto, maior economia, as malhas espaciais que atenderem aos requisitos de compatibilidade modular poderão dar ao ambiente um aspecto de limpeza e correção conceitual.

Muitas vezes, o *grid* de nós disponibilizado no plano dos banzos inferiores de uma malha espacial é utilizado para a colocação de forro, luminárias e outros.

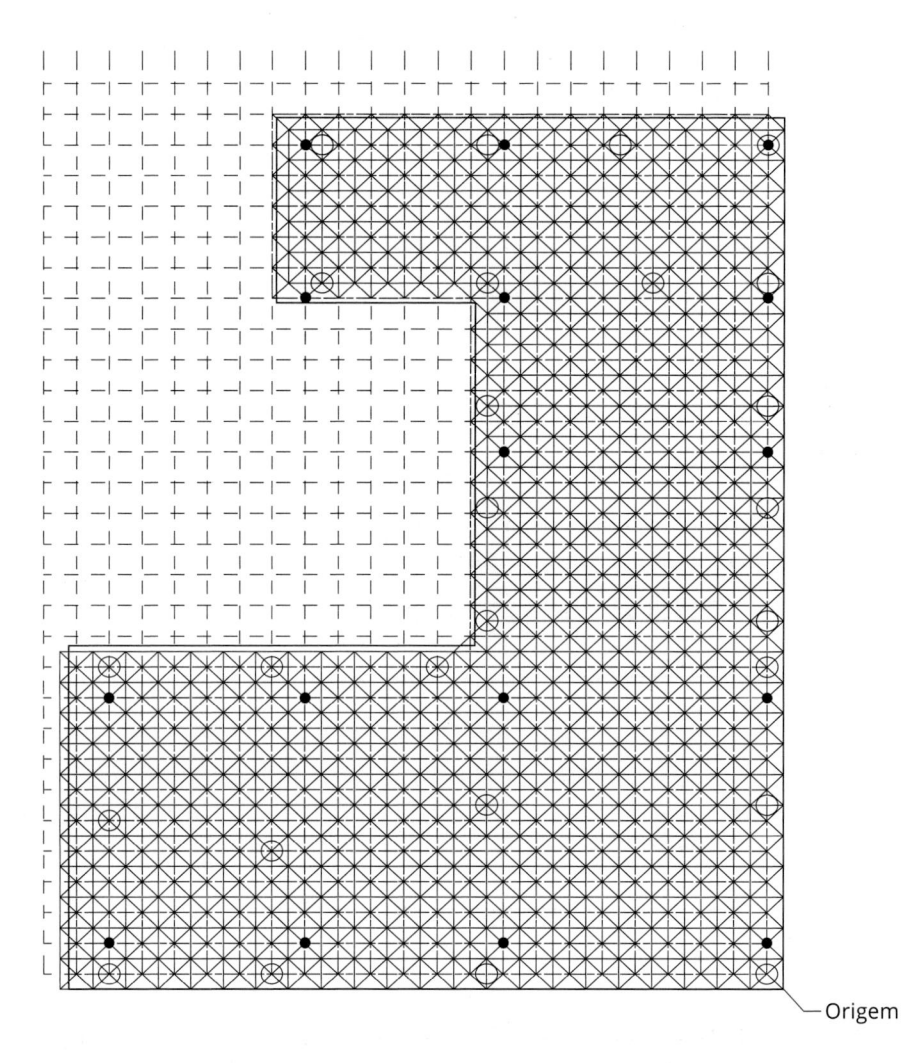

Origem

Fig. 7.3 Lançamento das diagonais e dos banzos superiores no mesmo espaçamento de 2,50 m × 2,50 m, defasados dos banzos inferiores em 1,25 m ortogonalmente. Nesse desenho, nota-se o layout dos novos pilares e dos antigos, muitos eliminados e tantos outros relocados. Balanços na cobertura foram permitidos

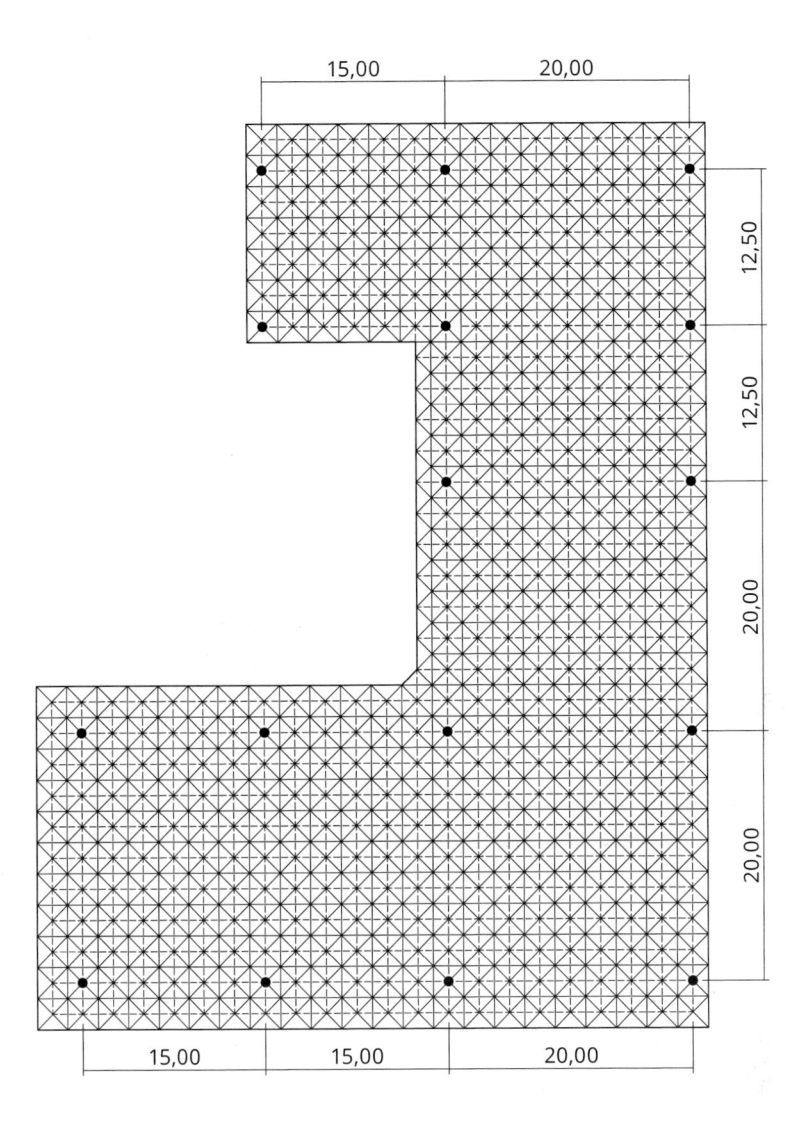

Fig. 7.4 *Projeção redesenhada da cobertura para adequação às linhas dos banzos superiores. Essa intervenção alterou a área de cobertura em somente 2,5%. O trabalho em questão pode ser feito pelo engenheiro estrutural ou pelo arquiteto da obra e deve sempre ser acompanhado e aprovado pelo cliente*

Nesse aspecto, torna-se ainda mais importante o estudo da modularidade arquitetônica e a compatibilização dimensional dos materiais.

Entretanto, quando do desenvolvimento dos projetos preliminares, arquitetura e estrutura de cobertura podem entrar em conflito (Fig. 7.5). O plano arquitetônico desejado nem sempre coincide com as reais disposições geométricas de pontos de suporte (pilares, por exemplo) e modulação, que seria o ideal para uma bem lançada estrutura espacial. Nesse caso, para o bem geral da obra, arquiteto e engenheiro estrutural devem chegar a um consenso quanto à mais adequada geometria. Podem ser feitos nessa fase, inclusive, estudos alternativos. Evidentemente, em face de modificações mais radicais, tudo deve ser aprovado pelo cliente. Esse tipo de procedimento é muito mais recorrente em grandes edificações industriais, onde a modularidade, a repetição e a padronização estruturais levam a uma significativa economia na obra.

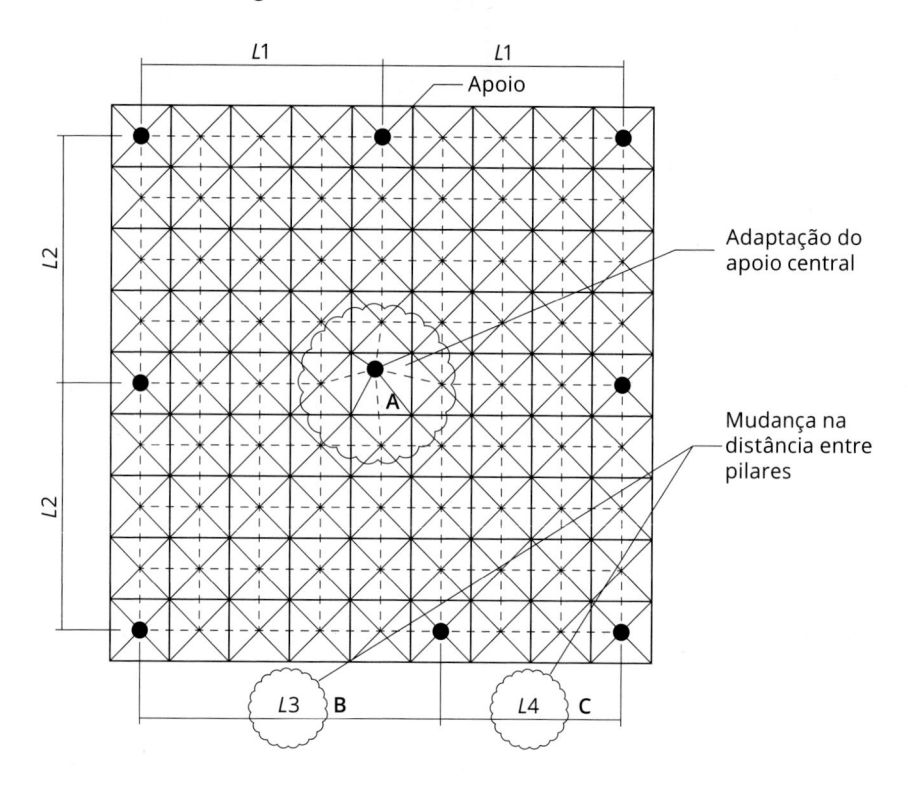

Fig. 7.5 *Malha espacial com arranjo original (L1 × L2) de pilares modificado para satisfazer critérios da arquitetura. Em (A), tem-se o deslocamento de um pilar dentro dos limites de um módulo piramidal, enquanto em (B) e (C) observa-se a modificação das distâncias L1 para valores L3 e L4*

7.2 Pré-dimensionamento geométrico

Sabe-se que a aparência formal de um elemento arquitetônico e o resultado estético de sua inclusão no conjunto são duas das principais preocupações ao conceber uma edificação. Além disso, num projeto racional e integrado, espera-se que as dimensões dos elementos que compõem sua infra e superestrutura sejam avaliadas não só quanto aos vãos e às cargas a que estão submetidos, mas também quanto às proporções dos demais elementos do contexto geral.

Assim sendo, alguns parâmetros básicos devem ser levados em consideração quando da escolha da modulação dos banzos e da altura de uma estrutura metálica em malha espacial, seja ela fabricada em perfis tubulares em aço ou alumínio.

7.2.1 Altura de uma malha espacial

Utilizando o aço como material componente dos banzos e das diagonais, a altura de uma malha espacial, isto é, da pirâmide ou do tetraedro que a compõe, deve ser estimada, para malhas em quatro apoios simples (sem engastes) ou contínuas numa só direção, como:

$$h = L/15 \text{ a } L/17,5 \tag{7.1}$$

em que:
L = vão máximo a ser vencido sem apoios.

Já para malhas contínuas nas duas direções, deve ser estimada como:

$$h = L/20 \tag{7.2}$$

Por sua vez, o valor mínimo para o uso de passarelas internas à malha é de $h = 2,0$ m.

No caso de estruturas fabricadas com perfis tubulares em alumínio, é preciso incrementar a altura da malha em aproximadamente 15% a 20%.

Em estruturas em malhas triplas ou com quatro ou mais camadas, o valor da altura pode ser reduzido, desde que as deformações nos trechos onde houver malha simples não ultrapassem os valores-limites da norma e não exista conflito com as demais regras construtivas descritas neste livro.

Deformações admissíveis

Para que uma estrutura seja considerada estável e utilizável, é necessário prever limites para as deformações, além daqueles para as tensões. Dependendo da normatização considerada, os valores das deformações máximas verticais podem ser diferentes. Todos os números citados a seguir referem-se tão somente a vigas planas metálicas de coberturas. Entretanto, eles são adotados também para estruturas espaciais, na falta de outros dados mais específicos.

A NBR 8800 (ABNT, 2008, p. 117) estabelece, para qualquer combinação de cargas, $\Delta_{máx} < L/250$. Já a ANSI/AISC 360-05 (AISC, 2005, p. 382) considera, para o caso de sobrecarga reduzida, $\Delta_{máx} < L/240$ em ambientes com forro flexível e $\Delta_{máx} < L/360$ em ambientes com forro rígido (gesso). Os valores prescritos pelo International Building Code (ICC, 2000) e pelo Truss Plate Institute of Canada (TPIC, 1996) são apresentados nas Tabs. 7.1 e 7.2, respectivamente.

Tab. 7.1 Deformações máximas verticais segundo o ICC (2000)

Local	Sobrecargas	Cargas permanentes + sobrecargas	Vento
Forro de gesso	L/360	L/240	L/360
Forro flexível	L/240	L/180	L/240
Sem forro	L/180	L/120	L/180

Tab. 7.2 Deformações máximas verticais para edifícios comerciais segundo o TPIC (1996)

Local	Sobrecargas
Forro de gesso	L/360
Forro flexível	L/240
Sem forro	L/240

7.2.2 Comprimento das barras

Ao projetar uma estrutura, seja ela convencional ou espacial, é de fundamental importância ter em mente sua finalidade, onde será montada e como será transportada.

No caso das malhas espaciais, além das proporções arquitetônicas, é preciso considerar também os limites de comprimento das barras, que estão relacionados com os seguintes aspectos:

- perdas na fabricação, devidas aos comprimentos de corte das peças, em relação aos tamanhos das barras fornecidas pela usina produtora de perfis;
- espaçamento máximo das terças da cobertura;
- tipo de telha;
- dimensões dos equipamentos de jateamento, pintura e secagem em estufa;
- meio de transporte e possibilidade de conteinerização;
- mão de obra e equipamento de montagem.

A prática construtiva demonstrou que grande parte das estruturas espaciais executadas no Brasil tem o limite mínimo de comprimento de banzos de 1,25 m e máximo de 3,5 m, permitindo que as diagonais apresentem até 4,0 m de comprimento.

Para as peças em alumínio (Fig. 7.6), deve ser ainda considerado o diâmetro máximo do círculo circunscrito (DCC) e a esbeltez da peça. O DCC é o maior círculo possível que contém a matriz de extrusão da seção, e seu valor depende da capacidade da prensa extrusora e do estágio tecnológico da fabricante.

7.2.3 Relação base × altura do elemento construtivo

Malhas cujas diagonais têm grande inclinação em relação ao plano dos banzos resultam em estruturas muito densas e, portanto, antieconômicas. Por outro

Fig. 7.6 *Tubos em alumínio fabricados com comprimento de 2,50 m*

lado, diagonais pouco inclinadas podem conduzir a dificuldades construtivas nas juntas, tornando-as incapazes da transferência correta dos esforços cortantes, levando a uma estrutura de pouca rigidez aos deslocamentos verticais.

Assim sendo, deve-se impor uma certa relação de ordem construtiva entre os tamanhos dos banzos e a altura da malha. Recomenda-se que o ângulo das diagonais esteja dentro dos seguintes limites (Fig. 7.7):

- $35° < \alpha \leq 55°$ para módulos piramidais;
- $40° < \alpha \leq 60°$ para módulos tetraédricos.

Para satisfazer o limite inferior, tem-se que $h = a/2$, e, para o superior, $h = a$, em valores aproximados. Portanto, a variação recomendável para a altura é de:

$$a/2 < h \leq a \qquad (7.3)$$

em que:

a = comprimento típico da base da pirâmide ou do tetraedro.

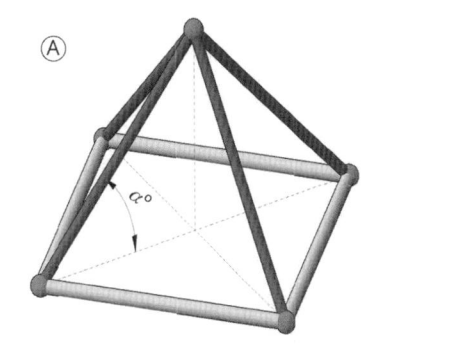

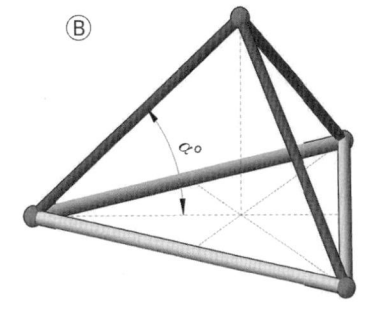

Fig. 7.7 *Ângulo α de inclinação das diagonais nos módulos (A) piramidal e (B) tetraédrico*

7.3 Estudo da variação do ângulo α para melhor desempenho da malha espacial

7.3.1 Malhas espaciais piramidais de base quadrada

A tangente do ângulo α é calculada por:

$$\operatorname{tg} \alpha = 2h/a\sqrt{2} \tag{7.4}$$

em que:
a = dimensão da base;
h = altura da pirâmide.

Para o estudo dos limites, fazendo $h = a$, ou seja, a altura da malha igual ao comprimento do banzo, tem-se:

$$\operatorname{tg} \alpha = 2/\sqrt{2} \text{ e, assim, } \alpha = 54{,}73°$$

Para $h = a/2$, isto é, a altura da malha igual à metade do comprimento do banzo:

$$\operatorname{tg} \alpha = 1/\sqrt{2} \text{ e, assim, } \alpha = 35{,}26°$$

Esses valores confirmam o que foi apresentado na seção 7.2.3.

7.3.2 Malhas espaciais tetraédricas de base triangular equilátera

Nesse caso, a tangente do ângulo α é calculada por:

$$\operatorname{tg} \alpha = 3h/a\sqrt{3} \tag{7.5}$$

em que:
a = dimensão da base;
h = altura do tetraedro.

Analogamente, fazendo $h = a$, ou seja, a altura da malha igual ao comprimento do banzo, tem-se:

$$\operatorname{tg} \alpha = 3/\sqrt{3} \text{ e, assim, } \alpha = 60°$$

Para $h = a/2$, isto é, a altura da malha igual à metade do comprimento do banzo:

$$\text{tg}\,\alpha = 3/2\sqrt{3} \text{ e, assim, } \alpha = 40{,}10°$$

O que também comprova o que foi dito na seção 7.2.3.

7.3.3 Observações

O pré-dimensionamento aqui apresentado deve ser aferido por ocasião do cálculo definitivo, levando em conta os demais parâmetros limitantes da norma quanto às tensões e às deformações.

Não obstante as alturas pré-estimadas, deve-se ainda considerar os valores das cargas de projeto e suas combinações, pois elas serão de fundamental importância na definição da geometria final das estruturas espaciais.

Para as malhas piramidais, caso se queira que todas as peças (banzos e diagonais) tenham o mesmo comprimento teórico, é preciso satisfazer a seguinte proporção:

$$h = a/2 \cdot \sqrt{2} \tag{7.6}$$

8
VANTAGENS NO USO DAS MALHAS ESPACIAIS

Em seu livro, o engenheiro, pesquisador e professor Z. S. Makowski (1922-2005) faz uma importante observação sobre o melhor comportamento das estruturas reticuladas espaciais em relação às outras simplesmente planas perante os rigores da guerra que assolava a Europa:

> As destruições da guerra demonstraram que as estruturas reticuladas resistem melhor que qualquer outro sistema à ação destrutiva de um ataque aéreo ou a uma explosão. Um dano local no reticulado dificilmente conduz ao desabamento de toda a estrutura. A reação em cadeia, muito provável nos sistemas tradicionais, não se produzirá nos reticulados [espaciais] (Makowski, 1964, tradução nossa).

Comparativamente às estruturas metálicas convencionais, destacam-se as inúmeras vantagens da aplicação das malhas espaciais (ou estruturas espaciais, ou treliças espaciais) sob os aspectos listados nas seções a seguir.

Clube dos Diários, em Fortaleza (CE). Estrutura espacial em tubos de alumínio e juntas tipo cruzeta fabricadas em aço A36 galvanizadas a fogo. Execução da Metal Arte Estruturas Metálicas, projeto de arquitetura da Nasser Hissa Arquitetura e Urbanismo e projeto estrutural do autor. Inauguração no ano de 2003

São definidas como *estruturas de cobertura convencionais* aquelas peças projetadas e calculadas como reticulados planos, na maioria das vezes isostáticos, fabricados e montados independentemente. Num galpão industrial, por exemplo, de modo geral há os seguintes elementos estruturais convencionais: vigas mestras, tesouras, terças, mãos-francesas, esticadores de terças e contraventamentos, sem mencionar os diferentes tipos de apoio e console que devem ser projetados.

8.1 Quanto à forma arquitetônica

As malhas espaciais possibilitam as mais diversas formas, desde as coberturas concebidas em múltiplas camadas planas até as geodésicas de casca dupla. Mesmo com sua simplicidade construtiva – seus elementos são somente a barra e o nó –, essas malhas proporcionam um produto final mais limpo e belo, deixando transparecer em sua geometria uma linguagem construtiva intencional.

Devido à modularidade do *grid* dos nós, torna-se extremamente facilitada a colocação dos acabamentos ou dos acessórios dos ambientes internos, tais como sistemas de condicionamento de ar, luminárias, forro, calhas de cabeamento elétrico, fixação de letreiros ou *banners* etc.

Adicionalmente, graças à composição geométrica das malhas espaciais, é possível a instalação de passarelas de manutenção e serviços no espaço entre as camadas dos banzos superior e inferior (altura interna da malha) (Fig. 8.1). Inúmeras coberturas industriais, de shopping centers e de outras edificações

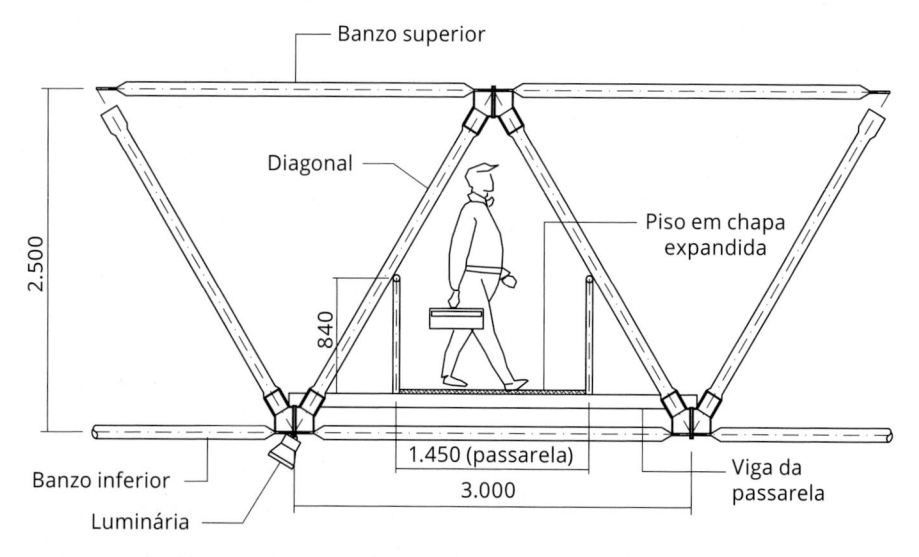

Fig. 8.1 *Detalhe esquemático de uma passarela de manutenção colocada dentro do vão entre diagonais, permitindo acesso facilitado ao forro, às luminárias e às demais instalações aéreas ou à cobertura*

foram projetadas dessa maneira, permitindo total acesso ao entreforro e, consequentemente, facilitando as tarefas de manutenção geral das instalações prediais.

Outra grande vantagem conceitual das malhas espaciais é a possibilidade do acompanhamento das mudanças formais ou de utilização da edificação ao longo de sua vida útil, podendo ser facilmente ampliadas, recortadas ou até desmontadas e remontadas em outro terreno.

8.2 Quanto ao comportamento estrutural de suas peças

Como já mencionado, diferentemente dos demais sistemas, as malhas espaciais são compostas somente por dois elementos, a barra tubular e a junta de ligação (nó). Em se tratando de sua concepção teórica, tais elementos, considerados de treliças, estão única e exclusivamente sujeitos a esforços axiais de tração e compressão. Dessa forma, o cálculo e o detalhamento de suas peças tornam-se bastante simplificados.

Além disso, ao fazer uso de perfis de seção tubular para as barras, é possível chegar a maior economia, uma vez que eles apresentam excelente resistência aos esforços de compressão, alcançando margem mais elevada de segurança à flambagem local das paredes do tubo, por flexotorção, ou à flambagem global.

Graças à sua disposição geométrica, as estruturas espaciais têm grande rigidez conjuntural, trazendo maior benefício à infraestrutura que lhes dá suporte – cintas periféricas, pilares e fundações –, com suas reações horizontais mais uniformemente distribuídas, o que não ocorre de modo geral nas estruturas convencionais.

Por suas características de espacialidade, conseguem transmitir seus esforços reativos aos pilares de modo mais direto, pois todos os seus elementos componentes são estruturados para as cargas totais de projeto. Nas estruturas convencionais, tal não acontece, haja vista que os elementos estruturais principais estão espaçados entre si, não compartilhando da rigidez global, a não ser indiretamente (por exemplo, vigas secundárias, terças e contraventamentos), o que obriga as cargas reativas a percorrerem sempre o caminho mais distante até os apoios. Devido também às características citadas, as estruturas espaciais apresentam maior rigidez global, podendo vencer maiores vãos com menor dispêndio de material e menor número de apoios.

Mais uma vantagem do ponto de vista estrutural é a existência de grande quantidade de barras redundantes, ou seja, barras em que, em determinada situação, a força atuante é muito pequena, próxima de zero, e que lá estão apenas para composição geométrica da malha. Essas barras proporcionam, além do aspecto estético, excelente capacidade de resistência adicional no caso da atuação de cargas excepcionais, pois absorvem parte dos esforços que ultrapassam a resistência das barras vizinhas, assegurando rara estabilidade estrutural a esse sistema construtivo. Isso é de fundamental importância para estruturas que estão sujeitas a cargas concentradas eventuais de manutenção ou de utilização temporária ou mesmo a grandes pressões de vento localizadas.

Por serem construtivamente rígidas em seu próprio plano, as estruturas espaciais não sofrem problemas de flambagem lateral global. Esse fenômeno é muito comum em estruturas convencionais planas de grandes vãos, exigindo maior quantidade de peças de contraventamento, horizontal ou vertical, entre os elementos portantes principais.

É importante observar que, nas estruturas de coberturas em treliças espaciais, as terças são elementos secundários. Não participam de qualquer modo da formação da rigidez global do sistema e, portanto, devem ser dimensionadas tão somente para as cargas oriundas do telhado. Por outro lado, nas estruturas convencionais, são parte integrante do sistema e delas depende parte da estabilidade do conjunto.

8.3 Quanto à fabricação, ao transporte e à montagem

Uma das principais características das malhas espaciais é sua modularidade ou padronização, como ilustrado na Fig. 8.2. Sabe-se que, na indústria, quanto maior é a repetitividade do item a ser produzido, menor é seu custo unitário. Tanto nesse aspecto quanto na facilidade da montagem em campo, as malhas espaciais são imbatíveis (Fig. 8.3). Sua execução em obra resume-se às simples tarefas de posicionamento de barras e juntas e aperto de parafusos.

Estudos demonstram que o custo do homem-hora no campo é de aproximadamente 1,5 a 2,0 vezes o da fábrica. Torna-se óbvio que, quanto mais rápida é a

Fig. 8.2 *Produção em série de barras tubulares padronizadas*

montagem, menor é o custo final do produto e que a penalização por perdas de tempo em obra é muito maior do que na fábrica.

Devido aos tamanhos limitados e padronizados das barras, com a ocupação de menor espaço do que as estruturas convencionais e a possibilidade de melhor arrumação em contêineres ou outros veículos rodoviários, e também graças a seu pequeno peso, o transporte das malhas espaciais da indústria à obra é muito facilitado e mais barato.

Fig. 8.3 *Montagem manual em campo de uma cúpula geodésica com barras de 1,70 m, leves e de fácil manuseio, sem necessidade de grandes e sofisticados equipamentos de montagem*

9
CARREGAMENTOS DE PROJETO PARA AS MALHAS ESPACIAIS

Revenda Honda Ceará Motos, em Fortaleza. Estrutura espacial em alumínio com pintura eletrostática. Execução da Esmel Indústria de Estruturas Mecânicas e projeto estrutural do autor. Inauguração no ano de 1990

Similarmente às demais estruturas de sustentação de coberturas, as malhas espaciais estão sujeitas aos carregamentos mínimos prescritos pela legislação técnica nacional vigente, além de outras cargas específicas do projeto. No Brasil, as principais normas que regulamentam a aplicação de carregamentos nas estruturas metálicas em aço ou alumínio são a NBR 8800 (ABNT, 2008), a NBR 6120 (ABNT, 2019), a NBR 8681 (ABNT, 2003) e a NBR 6123 (ABNT, 1988).

Modernamente, o projeto (entenda-se o cálculo e o dimensionamento das peças) de estruturas metálicas em geral se dá sob o método dos estados-limites últimos ou de serviço. Por outro lado, ainda são válidos projetos com base nas tensões admissíveis, seguindo as normas do American Institute of Steel Construction (AISC) e outras.

9.1 Definição de alguns conceitos segundo a NBR 8681

A NBR 8681 define:

> 3.1 *Estados-limites de uma estrutura*: estados a partir dos quais a estrutura apresenta desempenho inadequado às finalidades da construção.
> 3.2 *Estados-limites últimos*: estados que, pela sua simples ocorrência, determinam a paralisação, no todo ou em parte, do uso da construção.
> 3.3 *Estados-limites de serviço*: estados que, por sua ocorrência, repetição ou duração, causam efeitos estruturais que não respeitam as condições especificadas para o uso normal da construção, ou que são indícios de comprometimento da durabilidade da estrutura.
> 3.4 *Ações*: causas que provocam esforços ou deformações nas estruturas. Do ponto de vista prático, as forças e as deformações impostas pelas ações são consideradas como se fossem as próprias ações. As deformações impostas são por vezes designadas por ações indiretas e as forças, por ações diretas.
> 3.5 *Ações permanentes*: ações que ocorrem com valores constantes ou de pequena variação em torno de sua média, durante praticamente toda a vida da construção. A variabilidade das ações permanentes é medida num conjunto de construções análogas.
> 3.6 *Ações variáveis*: ações que ocorrem com valores que apresentam variações significativas em torno de sua média, durante a vida da construção.
> 3.7 *Ações excepcionais*: ações excepcionais são as que têm duração extremamente curta e muito baixa probabilidade de ocorrência durante a vida da construção, mas que devem ser consideradas nos projetos de determinadas estruturas.
> 3.8 *Cargas acidentais*: cargas acidentais são as ações variáveis que atuam nas construções em função de seu uso (pessoas, mobiliário, veículos, materiais diversos etc.) (ABNT, 2003, p. 1-2).

9.2 Requisitos gerais segundo a NBR 8681

A norma define ainda os requisitos gerais para os estados de projeto de uma estrutura qualquer:

> 4.1 Estados-limites
> Os estados-limites podem ser estados-limites últimos ou estados-limites de serviço. Os estados-limites considerados nos projetos de estruturas dependem dos tipos de materiais de construção empregados e devem ser especificados pelas normas referentes ao projeto de estruturas com eles construídas.
>
> > 4.1.1 Estados-limites últimos
> > [...]
> > a) perda de equilíbrio, global ou parcial, admitida a estrutura como um corpo rígido;

b) ruptura ou deformação plástica excessiva dos materiais;
c) transformação da estrutura, no todo ou em parte, em sistema hipostático;
d) instabilidade por deformação;
e) instabilidade dinâmica.
[...]

4.1.2 Estados-limites de serviço
[...]
a) danos ligeiros ou localizados, que comprometam o aspecto estético da construção ou a durabilidade da estrutura;
b) deformações excessivas que afetem a utilização normal da construção ou seu aspecto estético;
c) vibração excessiva ou desconfortável.
[...]

4.2 Ações
[...]
Para o estabelecimento das regras de combinação das ações, estas são classificadas segundo sua variabilidade no tempo em três categorias:
[...]

4.2.1.1 Ações permanentes
[...]
a) ações permanentes diretas: os pesos próprios dos elementos da construção, incluindo-se o peso próprio da estrutura e de todos os elementos construtivos permanentes, os pesos dos equipamentos fixos e os empuxos devidos ao peso próprio de terras não removíveis e de outras ações permanentes sobre elas aplicadas;
b) ações permanentes indiretas: a protensão, os recalques de apoio e a retração dos materiais.

4.2.1.2 Ações variáveis
Consideram-se como ações variáveis as cargas acidentais das construções, bem como efeitos, tais como forças de frenação, de impacto e centrífugas, os efeitos do vento, das variações de temperatura, do atrito nos aparelhos de apoio e, em geral, as pressões hidrostáticas e hidrodinâmicas. Em função de sua probabilidade de ocorrência durante a vida da construção, as ações variáveis são classificadas em normais ou especiais:
a) ações variáveis normais: ações variáveis com probabilidade de ocorrência suficientemente grande para que sejam obrigatoriamente consideradas no projeto das estruturas de um dado tipo de construção;
b) ações variáveis especiais: nas estruturas em que devam ser consideradas certas ações especiais, como ações sísmicas ou cargas acidentais de natureza ou de intensidade especiais, elas também devem ser admitidas como ações variáveis. As combinações de ações em que compareçam ações especiais devem ser especificamente definidas para as situações especiais consideradas.

4.2.1.3 Ações excepcionais

Consideram-se como excepcionais as ações decorrentes de causas tais como explosões, choques de veículos, incêndios, enchentes ou sismos excepcionais. Os incêndios, ao invés de serem tratados como causa de ações excepcionais, também podem ser levados em conta por meio de uma redução da resistência dos materiais constitutivos da estrutura (ABNT, 2003, p. 2-3).

Em se tratando especificamente de estruturas metálicas espaciais, as ações permanentes consideradas são aquelas compostas pelo peso próprio da estrutura propriamente dita, incluindo as barras, as juntas e os parafusos, e pelo peso dos materiais para cobertura e fechamentos e demais acessórios, inclusive terças, que, por determinação em projeto, devem ficar incorporados à estrutura até o fim de sua vida útil.

Já as ações variáveis normais para estruturas metálicas espaciais, sobretudo as de uso comercial ou industrial, são as cargas de forro ou de instalações em geral, uma vez que elas comprovadamente, em inúmeros casos na prática, podem sofrer variações de valores e de posicionamento ao longo da vida útil da edificação. Isso porque, devido ao permanente melhoramento na qualidade dos materiais empregados nas malhas espaciais, com o consequente aumento na vida útil delas (sobretudo das executadas em alumínio), e também graças à dinâmica da globalização mercadológica, é muito comum hoje em dia o reaproveitamento de edificações com ocupações totalmente adversas às visadas pelos projetos originais.

9.3 Valores representativos para estruturas espaciais

Para efeito de sensibilidade do projetista na avaliação das cargas permanentes e das sobrecargas, quando da fase do cálculo da estrutura, apresentam-se nas Tabs. 9.1 e 9.2 alguns valores históricos médios para os materiais mais comumente empregados e que podem ser considerados representativos.

Tab. 9.1 Valores representativos para pesos próprios de estruturas espaciais

Material	Peso (kgf/m²)
Malhas espaciais em aço	10,0 a 15,0
Malhas espaciais em alumínio	3,0 a 5,0
Terças e consoles para coberturas simples ou duplas em aço	0,8 a 1,10
Terças e consoles para coberturas simples ou duplas em alumínio	0,3 a 0,5
Telhas trapezoidais em aço com espessura de 0,43 mm a 0,65 mm	5,0 a 7,0
Telhas trapezoidais em alumínio com espessura de 0,7 mm	3,0
Telhas em aço duplas termoacústicas	10,0 a 15,0
Telhas em alumínio duplas termoacústicas	4,0 a 6,0

Tab. 9.2 Valores representativos para sobrecargas em estruturas espaciais

Material	Peso (kgf/m²)
Forro leve	3,0 a 6,0
Forro pesado	7,0 a 12,0
Luminárias e instalações elétricas	1,0 a 3,0
Ar-condicionado	7,0 a 12,0
Passarelas no forro	(*)
Sprinklers	0,5 a 1,5
Vento em sucção – coberturas horizontais normais	35,0 a 70,0

(*) Considerar carga mínima linear de 100 kgf/m.

Após o dimensionamento de todas as barras e juntas, a parcela referente ao peso próprio deve ser aferida. Caso ela seja muito diferente do valor previamente estimado, um novo passo no cálculo e no dimensionamento deve ser executado (permite-se uma variação de 75%).

Importante:

> A NBR 8800 (ABNT, 2008, item B.5.1, p. 112) diz o seguinte:
>
>> Nas coberturas comuns (telhados), na ausência de especificação mais rigorosa, deve ser prevista uma sobrecarga característica mínima de 0,25 kN/m² [25 kgf/m²], em projeção horizontal. Admite-se que essa sobrecarga englobe as cargas decorrentes de instalações elétricas e hidráulicas, de isolamentos térmico e acústico e de pequenas peças eventualmente fixadas na cobertura, até um limite superior de 0,05 kN/m² [5 kgf/m²].
>
> No próximo item da mesma norma, tem-se que "em casos especiais, a sobrecarga na cobertura deve ser determinada de acordo com sua finalidade, porém com um valor mínimo igual ao especificado em B.5.1" (ABNT, 2008, p. 112).

Deve-se observar que, em coberturas, mesmo que se saiba que nada haverá de ser fixado nos nós da estrutura principal ou secundária, é preciso sempre projetá-las para uma sobrecarga mínima de 25 kgf/m².

As estruturas realmente carregadas cujo valor total da sobrecarga está acima dos 25 kgf/m² devem ser calculadas para esse total. Qualquer acréscimo a esse valor total fica por conta de reservas futuras, conforme discernimento do engenheiro projetista ou desejo do cliente.

9.4 Efeito do vento

Uma atenção toda especial deve ser dada aos efeitos do vento nas coberturas e nos fechamentos de uma edificação metálica, seja ela convencional ou espacial, em aço ou alumínio. Para isso, existe uma diretriz nacional específica. Trata-se da NBR 6123 (ABNT, 1988), cujo mérito criativo deveu-se em grande parte aos trabalhos de pesquisa do engenheiro e doutor em ciências Joaquim Blessmann, ilustre professor da Escola de Engenharia da Universidade Federal do Rio Grande do Sul (EE-UFRGS). Lá estão apresentados diversos parâmetros, tais como velocidade básica do vento; topografia; relações de dimensões da edificação; densidade e altura das edificações do entorno; altura da cobertura em estudo, sobre o terreno; coeficientes de pressão internos e externos etc., que, combinados entre si, resultam nas pressões positivas ou negativas máximas em cada parte da edificação.

Entretanto, a correta determinação dessas pressões, devido às diferenciadas geometrias que as malhas espaciais oferecem, somente é possível com uma análise de modelo reduzido em túnel de vento apropriado ou uma análise por *software* de dinâmica dos fluidos (CFD). No Brasil, existem três laboratórios aptos ao procedimento desses ensaios com certificação de normas internacionais: o Laboratório de Aerodinâmica das Construções, da UFRGS, em Porto Alegre (RS); o Túnel de Vento do Instituto de Pesquisas Tecnológicas do Estado de São Paulo (IPT), em São Paulo (SP); e o Centro Técnico Aeroespacial, do Instituto Tecnológico da Aeronáutica (ITA), em São José dos Campos (SP).

Na prática, e também pelo alto custo desses ensaios, em sua grande maioria, as obras são projetadas tendo como base as pressões determinadas segundo as recomendações da NBR 6123. Mesmo que as proporções geométricas das edificações reais não sejam totalmente idênticas às dos modelos propostos pela norma, cabe ao projetista experiente fazer analogias e, assim, designar os valores máximos e mínimos mais representativos para o cálculo.

No Brasil, os *softwares* de investigação das pressões do vento pela dinâmica dos fluidos ainda não estão acoplados à maioria dos *softwares* de cálculo, de modo que não estão facilmente disponíveis no mercado, impedindo que os projetistas de estruturas metálicas em geral os utilizem.

Uma recomendação interessante é, sempre que possível, adotar lanternins nas cumeeiras das coberturas (Fig. 9.1). Tal procedimento traz não só a vantagem do alívio das pressões internas, com menor sucção global do telhado, mas também maior conforto térmico ambiental na utilização do prédio.

9.5 Efeito da dilatação térmica

De modo geral, chama-se de dilatação de um corpo o aumento maior ou menor de seu tamanho perante uma dada variação na temperatura a que ele está submetido.

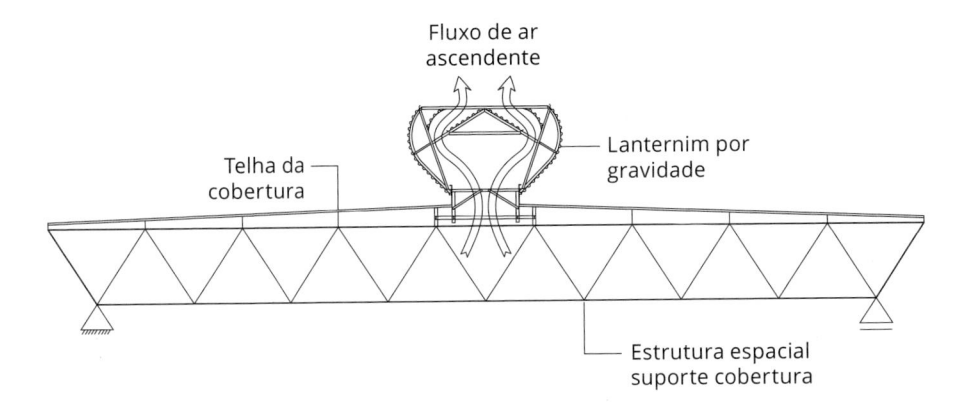

Fig. 9.1 *Detalhe esquemático de um lanternim por gravidade, onde o ar quente é retirado dinamicamente pela aceleração do fluxo ascendente ao passar pelo estreitamento da seção. Esse mesmo lanternim contribui sobremaneira para o alívio das pressões internas do vento*

Via de regra, ao elevar a temperatura, há a correspondente expansão no volume desse corpo. E, inversamente, ao resfriá-lo, obtém-se sua contração.

Dependendo da geometria do corpo, o efeito da dilatação térmica deve ser medido linearmente (no caso de barras, arames etc.), superficialmente (para as chapas) ou volumetricamente (em prismas, cilindros ou outros corpos cujas relações entre as três dimensões não sejam muito diferentes).

No caso das malhas espaciais, a análise e a aferição dos valores resultantes das deformações por dilatação térmica tornam-se um problema de difícil solução expedita, uma vez que se trata de estruturas tridimensionais compostas por peças lineares.

Assim sendo, a ocorrência de dilatações lineares nas barras individualmente influencia, por consequência, dilatações superficiais (no plano dos banzos) e volumétricas, causando variação também na altura da malha.

Esse fenômeno é bastante importante, e cuidado especial deve ser tomado ao projetar as fixações em geral de estruturas metálicas a alvenarias e demais elementos rígidos, bem como as fixações das telhas a terças e calhas, sempre levando em conta a compatibilidade dos materiais.

Um erro muito comum e que passa despercebido na maioria dos casos é o emprego de materiais de diferentes coeficientes de dilatação térmica na composição das barras de uma estrutura de cobertura espacial e da telha ou da calha.

Apenas a título ilustrativo, a seguir será calculado o diferencial no comprimento de uma calha de alumínio colocada presa às terças em aço em uma malha espacial também em aço, com comprimento total contínuo de 50 m. Nesse caso, analisa-se a calha como um corpo linear, ou seja, com uma dimensão (comprimento) muito maior do que a outra (largura).

Considere-se a seguinte expressão:

$$\Delta L = L_0 \cdot (\alpha_1 - \alpha_2) \cdot \Delta T \tag{9.1}$$

em que:

ΔL = variação no comprimento;

L_0 = comprimento inicial;

$(\alpha_1 - \alpha_2)$ = diferença dos coeficientes de dilatação do alumínio e do aço (ver Tab. 9.3);

ΔT = variação máxima da temperatura local (considerada igual a ±15 °C neste exemplo).

$$\Delta L = 50 \times 1,3 \times 10^{-5} \times 15 = 9,75 \text{ mm}$$

Tab. 9.3 Coeficientes de dilatação linear de vários materiais

Material	Coeficiente de dilatação linear (α, em °C^{-1})
Aço	$1,1 \times 10^{-5}$
Alumínio	$2,4 \times 10^{-5}$
Chumbo	$2,9 \times 10^{-5}$
Cobre	$1,7 \times 10^{-5}$
Ferro	$1,2 \times 10^{-5}$
Latão	$2,0 \times 10^{-5}$
Ouro	$1,4 \times 10^{-5}$
Prata	$1,9 \times 10^{-5}$
Vidro comum	$0,9 \times 10^{-5}$
Vidro pirex	$0,3 \times 10^{-5}$
Zinco	$6,4 \times 10^{-5}$

Isso significa que a calha de alumínio terá uma dilatação de aproximadamente 1 cm a mais ou a menos que as terças em aço, as quais poderão provocar danos à primeira: se a variação for positiva, a calha será comprimida, podendo sofrer empenamento ou rugas; se a variação for negativa, haverá rasgos ou fissuras.

A determinação correta dos esforços nas barras de uma malha espacial devidos à ação das dilatações térmicas isoladas ou em combinações com os demais casos de carregamento só é possível mediante o uso de *softwares* computacionais especializados.

Cabe observar que, ao tomar um ΔT igual a ±15 °C e considerar uma temperatura média local de 25 °C, por exemplo, haveria a possibilidade histórica de ela alcançar os seguintes extremos:

$$T_{máx} = 25 + 15 = 40°C \text{ ou } T_{mín} = 25 - 15 = 10°C$$

A título ilustrativo, nas Tabs. 9.4 a 9.9 apresentam-se dados das temperaturas máximas e mínimas em algumas cidades brasileiras de acordo com o Instituto Nacional de Meteorologia (Inmet).

Tab. 9.4 Dados meteorológicos de temperatura em Fortaleza (CE) segundo o Inmet – 1961 a 2006

	Temperatura máxima	Temperatura mínima
Máxima	37,2	24,3
Mínima	29,4	3,0
Média	31,8	20,9
Variância	1,55	6,84
Desvio padrão	1,24	2,61

Tab. 9.5 Dados meteorológicos de temperatura no bairro de Ondina (Salvador, BA) segundo o Inmet – 1963 a 2006

	Temperatura máxima	Temperatura mínima
Máxima	37,0	24,2
Mínima	26,5	0,4
Média	30,7	19,9
Variância	3,66	9,31
Desvio padrão	1,91	3,05

Tab. 9.6 Dados meteorológicos de temperatura em Manaus (AM) segundo o Inmet – 1958 a 2006

	Temperatura máxima	Temperatura mínima
Máxima	38,3	24,3
Minima	28,9	2,0 (*)
Média	34,1	20,7
Variância	1,81	7,32
Desvio padrão	1,35	2,71

(*) Em janeiro de 2001.

Tab. 9.7 Dados meteorológicos de temperatura em Resende (RJ) segundo o Inmet – 1961 a 2006

	Temperatura máxima	Temperatura mínima
Máxima	39,2	20,0
Mínima	26,8	1,0
Média	33,3	12,6
Variância	5,77	15,90
Desvio padrão	2,40	3,99

Tab. 9.8 Dados meteorológicos de temperatura no Mirante de Santana (São Paulo, SP) segundo o Inmet – 1961 a 2006

	Temperatura máxima	Temperatura mínima
Máxima	37,4	18,9
Mínima	24,9	1,5
Média	30,5	11,2
Variância	5,56	13,62
Desvio padrão	2,36	3,69

Tab. 9.9 Dados meteorológicos de temperatura em Porto Alegre (RS) segundo o Inmet – 1961 a 2006

	Temperatura máxima	Temperatura mínima
Máxima	39,2	19,9
Mínima	20,6	−0,3
Média	32,7	9,9
Variância	11,32	22,67
Desvio padrão	3,36	4,76

10
MATERIAIS ESTRUTURAIS UTILIZADOS NAS MALHAS ESPACIAIS

Columbia City Airport, na Carolina do Sul (EUA). Guarita do estacionamento na forma de estrutura espacial plana. Execução da Geometrica, que gentilmente cedeu a foto. Inauguração no ano de 2009

Teoricamente, inúmeros tipos de materiais podem ser utilizados na confecção das barras de uma malha espacial, desde materiais naturais, como o bambu e a madeira, passando por materiais sintéticos, como o *glass fiber reinforced plastic* (GFRP), até metais mais nobres, como o titânio. Entretanto, em aplicações comerciais, restringe-se o emprego a somente duas matérias-primas: o aço e o alumínio.

10.1 Aço para barras e juntas (CBCA, [20--])

Das ligas metálicas existentes, o aço é o mais versátil e importante. No ano de 2021, sua produção mundial foi superior a 1,95 bilhão de toneladas. Entre quase cem países que o fabricam, o Brasil é classificado como o nono produtor mundial.

O aço é produzido em uma grande variedade de tipos e formas, cada qual atendendo eficientemente a uma ou mais aplicações. Essa variedade provém da necessidade de contínua adequação do produto às exigências de aplicações específicas que vão surgindo no mercado, seja pelo controle da composição química, seja pela garantia de propriedades específicas, seja ainda pela forma final (chapas, perfis, tubos, barras etc.).

Os aços-carbono têm em sua composição apenas quantidades limitadas dos elementos químicos carbono, silício, manganês, enxofre e fósforo. Outros elementos químicos ocorrem somente em quantidades residuais.

A classificação do aço é definida pela quantidade de carbono nele presente. Os aços de baixo carbono possuem um máximo de 0,3% desse elemento e grande ductilidade. São bons para trabalho mecânico e soldagem, não são temperáveis e são utilizados na construção de edifícios, pontes, navios e automóveis, entre outros. Os aços de médio carbono apresentam de 0,3% a 0,6% de carbono e, por serem temperados e revenidos, atingem boa tenacidade e resistência. São empregados em engrenagens, bielas e outros componentes mecânicos. Os aços de alto carbono têm mais do que 0,6% de carbono e exibem elevada dureza e resistência após têmpera. São comumente usados em trilhos, molas, engrenagens, componentes agrícolas sujeitos a desgaste, pequenas ferramentas etc.

Na construção civil, o interesse maior recai sobre os chamados aços estruturais de média e alta resistência mecânica, termo designativo de todos os aços que, devido à sua resistência, ductilidade e outras propriedades, são adequados para utilização em elementos da construção sujeitos a carregamento. Os principais requisitos para os aços destinados à aplicação estrutural são: elevada tensão de escoamento, elevada tenacidade, boa soldabilidade, homogeneidade microestrutural, suscetibilidade de corte por chama sem endurecimento e boa trabalhabilidade em operações tais como corte, furação e dobramento, sem que se originem fissuras ou outros defeitos.

Os aços estruturais podem ser classificados em três grupos principais em função da tensão de escoamento mínima especificada, conforme apresentado na Tab. 10.1.

Tab. 10.1 Tipos de aço quanto à resistência

Tipo	Limite de escoamento mínimo (kgf/cm²)
Aço-carbono de média resistência	1.950 a 2.590
Aço de alta resistência e baixa liga	2.900 a 3.450
Aços ligados tratados termicamente	6.300 a 7.000

Entre os aços estruturais existentes atualmente, o mais utilizado e conhecido é o ASTM A36, classificado como um aço-carbono de média resistência mecânica. Entretanto, a tendência moderna de empregar estruturas com maiores vãos livres tem levado engenheiros, projetistas e construtores a adotar aços de maior resistência, os chamados aços de alta resistência e baixa liga, de modo a evitar estruturas cada vez mais pesadas. Entre os aços pertencentes a essa categoria, encontram-se aqueles resistentes à corrosão atmosférica.

Esses aços foram apresentados ao mercado americano em 1932 sob o nome de Cor-Ten e comercializados inicialmente pela US Steel Corporation, tendo como aplicação específica a fabricação de vagões de carga. Desde seu lançamento até os dias atuais, desenvolveram-se outros aços com comportamentos semelhantes, que constituem a família dos aços patináveis. Enquadrados em diversas normas, tais como as NBRs 5008, 5920, 5921 e 7007 (ABNT, 2015a, 2015b, 2015c, 2022a) e as americanas ASTM A242, A588, A606, A709, A852 e A871 (ASTM, 2018a, 2019a, 2018b, 2021c, 2007, 2020), que especificam limites de composição química e propriedades mecânicas, esses aços têm sido utilizados no mundo inteiro na construção de pontes, viadutos, silos, torres de transmissão de energia e demais estruturas de cobertura.

Sua grande vantagem, além de dispensar a pintura em certos ambientes, é possuir resistência mecânica maior que a dos aços-carbono. Em ambientes extremamente agressivos, como regiões que apresentam grande poluição por dióxido de enxofre ou aquelas próximas da orla marítima, a pintura lhes confere um desempenho superior àquele dos aços-carbono.

10.1.1 Aço patinável

O que distingue esse tipo de aço dos aços-carbono, no que diz respeito à resistência à corrosão, é o fato de que, sob certas condições ambientais de exposição, ele desenvolve em sua superfície uma película de óxidos aderente e protetora, chamada de *pátina*, que atua reduzindo a velocidade do ataque dos agentes corrosivos presentes no meio ambiente, mesmo sem qualquer pintura.

A formação da pátina é função de três tipos de fatores. Os primeiros a destacar estão relacionados à composição química do próprio aço. Os principais elementos de liga que contribuem para aumentar sua resistência em face da corrosão atmosférica, favorecendo a formação da pátina, são o cobre e o fósforo. Por sua vez, o cromo, o níquel e o silício exercem também efeitos secundários. Vale mencionar, no entanto, que o fósforo deve ser mantido em baixos teores (menores que 0,1%), sob pena de prejudicar certas propriedades mecânicas do aço e sua soldabilidade.

Em segundo lugar vêm os fatores ambientais, entre os quais se sobressaem a presença de dióxido de enxofre e de cloreto de sódio na atmosfera, a temperatura, a força dos ventos (direção, velocidade e frequência) e os ciclos de umedecimento e secagem. Se, por um lado, a presença de dióxido de enxofre, até certos limites, favorece o desenvolvimento da pátina, por outro o cloreto de sódio em suspensão nas atmosferas marítimas prejudica suas propriedades protetoras. Não é recomendado o emprego de aços patináveis não protegidos em ambientes industriais onde a concentração de dióxido de enxofre atmosférico seja superior a 168 mg $SO_2/m^2 \cdot$ dia

(Estados Unidos e Reino Unido) e em atmosferas marinhas onde a taxa de deposição de cloretos exceda 50 mg/m² · dia (Estados Unidos) ou 10 mg/m² · dia (Reino Unido).

Por fim, há fatores relacionados à geometria da peça, que explicam por que diferentes estruturas do mesmo aço dispostas lado a lado podem ser atacadas de maneira distinta. Esse fenômeno é atribuído à influência de seções abertas/fechadas, à drenagem correta das águas de chuva e a outros fatores que atuam diretamente sobre os ciclos de umedecimento e secagem. Dessa forma, por exemplo, sob condições de contínuo molhamento, determinadas por secagem insatisfatória, a formação da pátina fica gravemente prejudicada. Em muitas dessas situações, como no caso de aços patináveis imersos em água, enterrados no solo ou recobertos por vegetação, a velocidade de corrosão é semelhante à encontrada para os aços-carbono.

10.1.2 Características de aços utilizados no Brasil

Após a escolha do aço como matéria-prima, de modo geral, os perfis tubulares, os aparelhos de apoio e as demais peças para as malhas espaciais são produzidos no Brasil a partir de chapas com as seguintes características:

- Aços normais sem resistência à corrosão
    - barras tubulares a partir de chapas em aço ASTM A570 Gr36;
    - juntas em aço ASTM A36;
    - terças e consoles em aço SAE 1020;
    - parafusos em aço ASTM A307/A325;
    - chumbadores em aço SAE 1020/ASTM A36.

- Aços com resistência à corrosão
    - barras tubulares a partir de chapas em aço patinável USI-SAC 250/350, por exemplo – ver Quadro 10.1 para equivalências;
    - juntas em aço patinável – *idem*;
    - terças e consoles – *idem*;
    - parafusos em aço ASTM A307/A325;
    - chumbadores em aço SAE 1020/ASTM A36.

Caso seja necessário prover a malha espacial de maior capacidade resistiva aos esforços atuantes, substituem-se os materiais das barras e das juntas por outro de maior resistência mecânica.

Chama-se a atenção para o fato de que os materiais aqui apresentados devem ter acabamento superficial compatível com as agressões do meio ambiente onde a estrutura será implantada.

A Tab. 10.2 apresenta características dos aços produzidos pela Usiminas, e a Tab. 10.3, dos aços ASTM. Uma lista dos aços patináveis nacionais é exibida no Quadro 10.2.

Quadro 10.1 Equivalência de aços Usiminas

Qualidade	ASTM	EN	JIS	NBR	Mercosul
USI-CIVIL 300	ASTM A36	EN 10025-S235JRG2	JIS G3101-SS400	NBR 6650-CF26	NM02-131-ED24
-	ASTM A709-36	EN 10025-S235J0	JIS G3106-SM400	-	-
USI-CIVIL 350	ASTM A572-50-1	EN 10025-S355JR	JIS G3101-SS490	NBR 5000 / NBR 5004	NM02-102-MCF-345 / NM02-101-MCG-360
-	ASTM A709-50-1	EN 10025-S355J0	JIS G3106-SM490	-	-
USI-SAC 300	-	EN 10155-S235J0	JIS G3114-SMA400	NBR 5921-CFR400 / NBR 5008-CGR400	NM02-103--GRAU-400
USI-SAC 350	ASTM A588 (CG) / ASTM A606-2 (TQ) / ASTM A709-50W	EN 10155-S355J0W	JIS G3114-SMA490	NBR 5921-CFR500 / NBR 5008-CGR500	NM02-103--GRAU-500
-	ASTM A709-GR-70W	-	JIS G3114-SMA570	-	-

Tab. 10.2 Características dos aços produzidos pela Usiminas

Especificações	Tipo de produto	Espessura (mm)	Características físicas					
			Tração (transversal)	-	-	Alongamento	-	-
-	-	-	Espessura (mm)	LE (kg/cm²)	LR (kg/cm²)	Espessura (mm)	BM (mm)	%
USI-SAC 250	CQ	6,0 < E < 50,8	6,0 < E < 6,75	> 2.500	4.020-5.100	6,0 < E < 16,0	200	19
		50,8 < E < 75,0	*	*	*	16,0 < E < 75	200	22
	TQ	2,0 < E < 12,70	2,0 < E < 12,70	> 2.500	4.020-5.100	2,0 < E < 5,0	50	19
		*	*	*	*	5,0 < E < 12,70	200	19
USI-SAC 300	CG	2,0 < E < 5,0	-	-	-	6,0 < E < 16,0	200	19
		5,0 < E < 50,8	6,0 < E < 75,0	> 3.000	> 4.020	16,0 < E < 75	200	22
		50,8 < E < 76,2	*	*	*	16,0 < E < 75	200	22
	TQ	2,0 < E < 12,70	2,0 < E < 12,70	> 3.000	4.020-5.100	2,0 < E < 5,0	50	19
		*	*	*	*	5,0 < E < 12,70	200	19

Tab. 10.2 (continuação)

Especificações	Tipo de produto	Espessura (mm)	Características físicas					
-	-	-	Tração (transversal)	-	-	Alongamento	-	-
-	-	-	Espessura (mm)	LE (kg/cm²)	LR (kg/cm²)	Espessura (mm)	BM (mm)	%
ASTM A36	CG	6,0 < E < 19,1	-	-	-	6,0 < E < 70,0	200	20
		19,1 < E < 38,1	-	> 2.500	4.000 a 5.500	6,0 < E < 70,0	200	20
		38,1 < E < 63,5	-	*	*	70,0 < E < 101,6	50	23
		63,5 < E < 101,6	-	-	-	70,0 < E < 101,6	50	23
	TQ	4,57 < E < 12,70	-	> 2.500	4.000 a 5.500	-	200	> 18
USI-SAC 350	CG	-	6,0 < E < 16,0	> 3.730	-	6,0 < E < 16,0	200	16
		6,0 < E < 100,0	16,0 < E < 35,0	> 3.530	4.900~6.080	16,0 < E < 75,0	200	19
		*	35,0 < E < 50,0	> 3.330	*	16,0 < E < 75,0	200	19
		-	50,0 < E < 100,0	> 3.230	-	16,0 < E < 75,0	200	19
	TQ	2,0 < E < 12,70	2,0 < E < 12,70	> 3.730	4.900~6.080	2,0 < E < 5,0	50	16
		*	*	*	*	5,0 < E < 12,70	200	16

em que LE = limite de escoamento, LR = limite à ruptura, BM = comprimento padrão do corpo de prova, CQ = chapas laminadas a quente, TQ = tiras laminadas a quente e CG = chapa grossa.
* Valor igual para todo tipo.
Fonte: gentileza do portal Metalica (www.metalica.com.br).

Importante:

> Devido a ocorrências de inadequações no passado, não foram considerados como estruturais os aços planos da linha SAE 1008/1010/1020, chamados também de *aços comerciais*, para a fabricação das barras e das juntas, pois são de difícil controle de qualidade e identificação duvidosa junto aos fornecedores. Assim, são tidos como materiais de segunda categoria, utilizados somente em obras de "pequena responsabilidade", se é que elas existem.
>
> Como exceção, pode-se empregar o aço SAE 1020 na forma de vergalhões, para chumbadores e *inserts*.

Tab. 10.3 Composição química e propriedades mecânicas dos aços ASTM

Elemento químico	ASTM A36 (perfis)	ASTM A572 (grau 50)	ASTM A588 (grau B)	ASTM A242 (chapas)
%C máx.	0,26	0,23	0,20	0,15
%Mn	...[1]	1,35 máx.	0,75-1,35	1,00 máx.
%P máx.	0,04	0,04	0,04	0,15
%S máx.	0,05	0,05	0,05	0,05
%Si	0,40	0,40 máx.[3]	0,15-0,50	...
%Ni	...	...	0,50 máx.	...
%Cr	...	...	0,40-0,70	...
%Mo	...	...	...	...
%Cu	0,20[2] (Quadro 10.1)	...	0,20-0,40	0,20 mín.
%V	...	...	0,01-0,10	...
(%Nb + %V)	...	0,02-0,15	...	...
Limite de escoamento (MPa)	250 mín.	345 mín.	345 mín.	345 mín.
Limite de resistência (MPa)	400-550	450 mín.	485 mín.	480 mín.
Alongamento após ruptura, % (L_0 = 200 mm)[4]	20 mín.	18 mín.	18 mín.	18 mín.

[1] Para perfis de peso superior a 634 kg/m, o teor de manganês deve estar situado entre 0,85% e 1,35% e o teor de silício, entre 0,15% e 0,40%.
[2] Mínimo quando o cobre for especificado.
[3] Para perfis de até 634 kg/m.
[4] L_0 = comprimento padrão do corpo de prova.

Quadro 10.2 Aços patináveis nacionais

Empresa	Aço	Website
Belgo Mineira	ASTM A588	http://www.belgo.com.br
Cosipa	COS-AR-COR 400, COS-AR-COR 400E, COS-AR-COR 500, ASTM A242, ASTM A588	http://www.cosipa.com.br
CSN	CSN-COR 420, CSN-COR 500	http://www.csn.com.br
CST	ASTM A242	http://www.cst.com.br
Gerdau Açominas	ASTM A588	http://www.acominas.com.br http://www.gerdau.com.br
Usiminas	USI-SAC 300, USI-SAC 350, USI-FIRE 350, ASTM A242, ASTM A588	http://www.usiminas.com.br
V&M	VMB 250 COR, VMB 300 COR, VMB 350 COR	http://www.vmtubes.com.br

10.2 Alumínio para barras e juntas

O alumínio é um dos elementos mais abundantes na natureza, constituindo 8,1% da crosta terrestre. Apresenta-se em estado natural na forma de óxidos mesclados a rochas – a bauxita.

O Brasil está entre os países que mais possuem bauxita e produzem alumínio. Mesmo com sua baixa taxa *per capita* de consumo geral, se comparado com os Estados Unidos e a Europa, o emprego do alumínio como elemento estrutural tem levado o País a uma posição de destaque. O vasto território e a diversidade climática nacionais representam condições propícias para o uso econômico das estruturas em alumínio, quando comparadas com similares em aço.

Climas mais agressivos, como aqueles encontrados nos úmidos territórios da Amazônia, na costa atlântica do Nordeste, com rajadas de ventos salinos, e nas regiões industriais das grandes capitais, atestam que a utilização do alumínio em edifícios tem sido um bom negócio desde os anos 1960.

Seguindo essa tendência, as primeiras estruturas espaciais em alumínio surgiram no início dos anos 1970, com a inauguração do Pavilhão de Exposições do Anhembi, em São Paulo (SP).

O alumínio é oferecido no mercado em ligas metálicas, pois ele puro não tem muita resistência. A principal liga de uso em estruturas é a ASTM 6351-T6, para perfis fabricados por extrusão. É a mais resistente produzida comercialmente no Brasil para fins estruturais, sendo também mais dura, com algumas limitações no processo de fabricação. Devido a seu baixo peso, apresenta uma das maiores taxas resistência/peso entre os materiais construtivos para estruturas metálicas no País.

Entre outras ligas de menor resistência, porém de mais fácil produção, a ASTM 6061-T6 é bastante utilizada em outros tipos de peças estruturais, tais como de carroceria de caminhões, embarcações etc.

A seguir, apresentam-se algumas das vantagens do uso do alumínio como elemento estrutural (Alcan, 1973):

- *Baixo peso próprio, alta taxa resistência/peso e economia*: o alumínio tem um terço da densidade do aço. Por seu baixo peso próprio, ele se torna um excelente material para não só estruturas móveis como também estruturas estáticas, onde o peso próprio possui fundamental importância nas cargas totais do projeto. O baixo peso próprio do alumínio também representa uma vantagem sobre o aço na fabricação, no transporte e na montagem. Em razão de suas características próprias, o alumínio apresenta a maior taxa resistência/peso entre os materiais comercialmente encontrados, e seu emprego em perfis estruturais, portanto, pode proporcionar uma estrutura metálica bastante econômica.

- *Boa resistência à corrosão e custo de manutenção zero*: uma das principais vantagens da estrutura em alumínio é sua grande resistência à corrosão ambiental. Isso se deve ao aparecimento, imediatamente após a extrusão do perfil, de uma camada superficial fina, porém muito tenaz e inerte, de óxido de alumínio. Essa camada propicia excelente proteção às camadas mais inferiores do metal, possuindo ainda a característica de autorregeneração quando afetada. As estruturas metálicas em alumínio natural, ou seja, sem pintura ou qualquer outro tipo de acabamento, são altamente recomendáveis para quase todos os ambientes industriais. O produto da auto-oxidação do alumínio em contato com o ar é incolor e não tóxico, o que faz esse metal ser utilizado também em larga escala na indústria química e de alimentos.
- *Baixo módulo de elasticidade, boa resistência ao impacto e baixas tensões de variações térmicas*: o alumínio tem um terço do módulo de elasticidade do aço, de modo que são baixas as tensões devidas a impactos ou quedas que podem levar deformações às peças. Por outro lado, esse baixo coeficiente de elasticidade implica cuidado especial, na fase de cálculo, com as deformações globais e a estabilidade local das peças. Ainda assim, mesmo com o coeficiente de condutibilidade térmica duas vezes superior ao do aço, as tensões oriundas das variações da temperatura são baixas, particularmente aquelas localizadas, pois a alta condutibilidade térmica do alumínio reduz sobremaneira o gradiente térmico.
- *Resistência em baixas temperaturas*: sob a influência de baixas temperaturas, as ligas em alumínio têm sua resistência aumentada e não sofrem o fenômeno da ruptura frágil.
- *Extrudabilidade*: além da apresentação em chapas planas, o alumínio como elemento estrutural é fornecido em perfis. Estes são fabricados pelo processo de extrusão em matrizes, cuja facilidade na concepção das mais variadas formas de seções faz do alumínio um excelente material também de acabamento e decoração.
- *Facilidade na fabricação/usinagem*: devido a suas propriedades físicas, o alumínio pode ser estampado, puncionado, usinado, cortado ou furado facilmente com máquinas operatrizes convencionais de alta velocidade.
- *Acabamentos*: além do acabamento natural, geralmente empregado nos perfis para estruturas metálicas, alguns acabamentos especiais podem adicionar grande beleza arquitetônica às peças de alumínio, como texturização mecânica superficial, pintura, esmaltagem porcelanizada e anodização.
- *Condutibilidade elétrica*: peso a peso, o alumínio tem duas vezes mais capacidade de condução elétrica do que o cobre.
- *Magnetismo*: o alumínio é um material não magnético.

Atualmente, no Brasil, o material alumínio-liga é utilizado somente para as barras de seções tubulares circulares. Os parafusos e as juntas são normalmente fornecidos e fabricados em aço.

Devido à grande diferença na escala de eletronegatividade entre o alumínio e o aço, estando os dois elementos em contato direto, sob a ação de um eletrólito, há o aparecimento da corrosão bimetálica ou eletrolítica. Esse fenômeno é altamente prejudicial ao alumínio. O zinco, alternativamente, é um dos metais com potencial eletronegativo mais próximo daquele do alumínio e, portanto, não tão reativo. Nesse sentido, para todas as peças em aço que estejam em contato direto com chapas ou perfis em alumínio, recomenda-se o revestimento com pintura rica em zinco ou a galvanização a fogo por imersão em zinco quente. Sugere-se ainda uma pintura adicional rigorosa.

A Tab. 10.4 apresenta as características de ligas em alumínio mais utilizadas em estruturas. Já no Quadro 10.3 é mostrada a série galvânica para elementos mais usados na construção, sendo que, quanto mais próximo um elemento está do outro, menor é a corrosão entre eles. A estabilidade cresce de cima para baixo. O mais ativo cede elétrons ao mais nobre.

Tab. 10.4 Ligas em alumínio mais utilizadas em estruturas

Ligas em alumínio	Tensões características (MPa)				
	Tensão de ruptura (F_{tu})	Tensão de escoamento na tração (F_{ty})	Tensão de escoamento na compressão (F_{cy})	Tensão de ruptura ao cisalhamento (F_{su})	Coeficiente de elasticidade (E)
6061-T6/ T651 – Chapas	290	240	240	185	69.600
6061-T6/T6510/ T6511 – Extrudados	260	240	240	165	69.600
6351-T6 – Extrudados	290	255	255	186	69.600

10.3 Parafusos para estruturas espaciais

Os parafusos (Fig. 10.1) são classificados em dois tipos principais: comuns, regulamentados pela ASTM A307 (ASTM, 2021a), e de alta resistência, regulamentados pela ASTM A325 (ASTM, 2014).

De modo geral, eles são adquiridos com acabamento em galvanização a quente (ou a fogo) por imersão em zinco quente. Além de proporcionar maior durabilidade aos parafusos, a película de zinco diminui sensivelmente a corrosão eletrolítica entre o aço e o alumínio das barras tubulares.

10.3.1 Parafusos A307

Conhecidos também como parafusos comuns, são aqueles empregados em ligações secundárias e recomendados para uso em estruturas não sujeitas a impactos ou vibrações. São fabricados em aço baixo carbono e sem tratamento térmico e têm como principal aplicação as estruturas leves e construções similares, em que as forças são estáticas e relativamente baixas. Podem ser usados também em conexões provisórias. As porcas compatíveis com esse fixador são especificadas conforme a ASTM A563 (ASTM, 2021b), grau A, e as arruelas lisas, tipo A.

No caso de estruturas espaciais, os parafusos comuns são empregados somente para a fixação de terças e consoles da cobertura e para a fixação das estruturas secundárias de platibandas ou fechamentos.

10.3.2 Parafusos A325

São fixadores de alta resistência empregados em ligações parafusadas estruturais e indicados para montagens de maior responsabilidade. São fabricados em aço de alta resistência e tratados termicamente, diferenciando-se também dos parafusos comuns por terem uma cabeça sextavada maior, denominada *pesada*, e um comprimento de rosca menor. As porcas são compatíveis com chave sextavada pesada, conforme a ASTM A194 (ASTM, 2022a), grau 2, e as arruelas seguem a ASTM F436 (ASTM, 2019b), tipo 1.

Os parafusos A325 são os mais recomendáveis para as ligações das barras e das respectivas juntas em estruturas espaciais.

A Tab. 10.5 indica as tensões nominais para o dimensionamento de parafusos tipo A307 e A325.

Quadro 10.3 Série galvânica para elementos mais usados na construção

Série galvânica
Por imersão em solução de cloreto de sódio
Magnésio (ativo)
Zinco
Alumínio liga 7072
Alumínio ligas 5XXX
Alumínio estrutural liga 7XXX
Alumínio ligas 1XXX, 3XXX, 6XXX
Cádmio
Alumínio ligas 2XXX
Ferro e aços
Chumbo
Estanho
Latão
Cobre
Aço inox 3XX passivo
Níquel (nobre)

(Coluna lateral: E S T Á B I L I D A D E ↓)

Fig. 10.1 *Aspecto de um parafuso para estruturas metálicas*

Tab. 10.5 Tensões em parafusos segundo o AISC (2005)

Tipo	Tensão nominal à tração (F_{nt}) (MPa)	Tensão nominal ao cisalhamento (F_{nv}) (MPa)
A307	310	165
A325	620	330

11
MATERIAIS PARA COBERTURA E FECHAMENTOS

Pátio operacional da EBR Estaleiros do Brasil Ltda. no polo naval e offshore de Rio Grande (RS). Montagem de abrigos móveis na forma de estrutura espacial em alumínio com nós esféricos. Execução da Kordout, que gentilmente cedeu a foto, e projeto conceitual do Eng. Mario Rivero. Inauguração no ano de 2010

Embora seja um dos mais importantes elementos de composição de uma edificação, a malha espacial tem a finalidade precípua de tão somente suporte da cobertura e dos fechamentos. Por sua vez, os fechamentos são formados genericamente por telhas, fixas à estrutura por terças e demais acessórios de fixação e acabamentos.

11.1 Telhas

O telhamento de uma malha espacial deve ter as seguintes características básicas e necessárias:

- estanqueidade;
- durabilidade;
- facilidade de fixação nas terças e nos recobrimentos longitudinais e transversais;
- possibilidade de manutenção ou troca de telhas danificadas, quando necessário;
- isolamento térmico, quando necessário;
- isolamento acústico, quando necessário;
- possibilidade de aceitar acessórios de vedação e acabamento arquitetônico/decorativo adequado – por exemplo, pintura;
- peso próprio compatível com o sistema estrutural empregado;
- resistência às cargas de vento e de manutenção da edificação.

Assim sendo, as telhas mais adequadas para as malhas espaciais são, via de regra, as denominadas *telhas metálicas*, sejam elas em aço ou alumínio, colocadas no modo convencional por justaposição ou "zipadas".

11.1.1 Telhas metálicas normais

São assim chamadas por apresentarem maior facilidade de montagem, desmontagem ou substituição, sendo mais baratas e comumente encontradas nos estoques dos revendedores do ramo. Podem ser fixadas às terças por parafusos autobrocantes ou autoatarraxantes ou ganchos. São fabricadas por laminação a frio de chapas planas, finas, pré-pintadas ou galvanizadas (ou naturais, no caso do alumínio) e conformadas com enrijecedores de seção ondulada ou trapezoidal – as mais comuns (Fig. 11.1). Apresentam boa resistência mecânica em face das pressões positivas e negativas de vento, e seu uso é consagrado em todo o território nacional.

Tendo em vista os limites do sistema de transporte rodoviário nacional e dos equipamentos de laminação, as telhas metálicas normais brasileiras são produzidas na indústria com comprimento máximo de 12,5 m e largura máxima em torno de 1,0 m. Apesar de possuírem espessura muito pequena, podem ter sua capacidade

Fig. 11.1 *Telha simples em aço galvanizado e com acabamento em pintura*

termoacústica bastante aprimorada quando utilizadas em dupla, pela colocação entre elas de uma camada adequadamente dimensionada de material isolante (Fig. 11.2). Lã de vidro, lã de rocha, isopor e poliuretano expandido são alguns dos materiais mais empregados para essa finalidade.

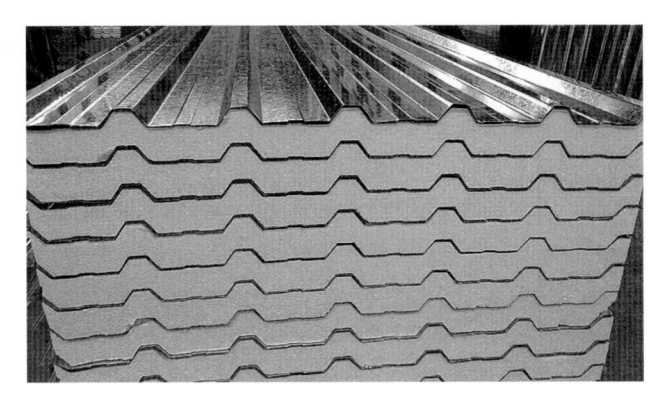

Fig. 11.2 *Telha dupla com injeção de poliuretano para aumento de sua capacidade termoacústica, fabricada em zincalume com acabamento natural*

Como resultado dos estudos de um grupo de trabalho encarregado da normatização das telhas zincadas na indústria nacional, em abril de 2000 foram publicadas a NBR 14513, para a padronização de telhas onduladas, e a NBR 14514, para telhas trapezoidais. Reunidas posteriormente em um único documento (NBR 14513 – ABNT, 2022b), essas normas estabeleceram os requisitos a que as telhas de aço com revestimentos específicos devem atender para a construção de telhados e fechamentos laterais, constituindo elementos estruturais e de acabamento de edificações em geral.

Um dos principais requisitos, que outrora variava entre os fabricantes, era a massa mínima do revestimento das bobinas de aço zincado, que ficou estabelecida como igual a 260 g/m² (soma das duas faces) para as telhas zincadas com cristais normais ou minimizados, com ou sem pintura, e 150 g/m² (soma das duas faces) para o revestimento com liga alumínio-zinco por imersão a quente, com ou sem pintura.

11.1.2 Telhas em zincalume

Conhecido genericamente por zincalume, ou ainda galvalume ou aluzinco, esse produto é uma chapa de aço revestida com uma liga de 55% de alumínio e 45% de zinco desenvolvida pela Bethlehem Steel e vendida comercialmente, a partir de junho de 1972, sob a marca Galvalume. Mais tarde, a Bethlehem Steel licenciou outras grandes siderúrgicas para produzir e vender o produto usando suas patentes e tecnologia. Na América do Sul, a Companhia Siderúrgica Nacional (CSN), do Brasil, adota a marca Cisalume, a Siderar, da Argentina, a marca Cincalum, e a

Companhia Siderurgica Hiachipato (CSH), do Chile, a marca Zincalum. Todos esses produtos são o mesmo aço genérico em chapa revestida com 55% Al-Zn adotando o mesmo processo e tecnologia. Sua padronização de qualidade é assegurada por normas internacionais, como a ASTM A792/A792M (ASTM, 2022b).

Tanto o revestimento de 55% Al-Zn quanto o aço galvanizado em chapas são feitos por um processo contínuo de imersão a quente. As bobinas de aço laminado a frio são processadas continuamente na linha de revestimento em alta velocidade. As chapas desbobinadas são primeiramente limpas para remover os óleos da laminação e reduzir os óxidos superficiais. As chapas contínuas são mergulhadas em um recipiente com liga alumínio-zinco fundidos. A chapa já revestida recebe jatos de ar que normalizam a espessura do revestimento em ambas as faces. A maior parte das linhas de produção modernas tem um controle de espessura que ajusta automaticamente a pressão de ar e assegura que um revestimento uniforme seja aplicado. Ao final do processo, a chapa é enrolada, formando uma bobina de aço revestida.

A chapa de 55% Al-Zn é um material ideal para coberturas por causa de sua extraordinária resistência à corrosão atmosférica e sua longa vida útil. Pode ser conformada em diversas geometrias de perfis de telhas, bem como estampada, além de poder ser pintada na fábrica para acrescentar cor e durabilidade prolongada.

11.1.3 Telhas zipadas

O termo *zipar* é originário do inglês *to zip* e significa "fechar com zíper". Assim, as telhas zipadas recebem essa denominação por utilizarem um tipo de união entre si análogo ao fechamento com zíper (Fig. 11.3). Elas geralmente são de pequena largura e permitem com mais facilidade a cobertura de certos telhados com curvaturas acentuadas em planos diferentes. A zipagem é realizada de modo semiautomático, por meio de uma pequena prensa que se desloca por sobre as ondas das telhas no sentido longitudinal, conferindo-lhes a esperada resistência e estanqueidade.

Em comparação com o sistema convencional, as telhas zipadas apresentam a vantagem de não ter emendas longitudinais, podendo atingir mais de 100 m

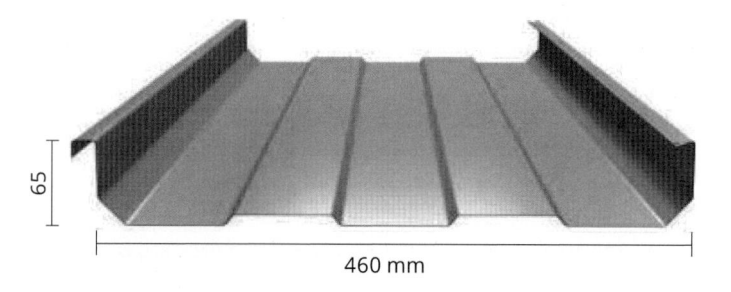

Fig. 11.3 *Aspecto de uma telha zipada simples*

de comprimento e oferecendo uma solução de telhado mais uniforme, limpa e atrativa arquitetonicamente. São laminadas na obra a partir de uma bobina de chapa fina metálica em aço ou alumínio, com a utilização de mão de obra e equipamento especiais, permitindo que tenham comprimentos bem maiores que o limite de 12,5 m. São também totalmente estanques, pois suas fixações são feitas por clipes encobertos e não perfurantes. Essas fixações são "flutuantes" e possibilitam a livre dilatação do conjunto do telhado, independentemente da estrutura portante.

Por outro lado, por serem contínuas, essas telhas são de difícil reposição caso haja a necessidade de manutenção e reparo, além de terem maior peso próprio e serem um pouco mais caras que as do sistema convencional, pois utilizam mão de obra e equipamento especiais. Não há padronização no mercado, e cada fabricante produz seu próprio perfil metálico com modo de zipagem cativo, dificultando mais ainda a solução da reposição, quando necessária. Por fim, algumas dessas telhas têm seção de pequena inércia à flexão e requerem menor espaçamento de terças, encarecendo o uso em estruturas espaciais, que, devido aos comprimentos dos banzos, exigem colocação de terça intermediária.

11.2 Acabamentos

Os acabamentos, também chamados de arremates ou vedações e representados por cumeeiras, rufos, contrarrufos, pingadeiras e capotes, têm a importante função de complementar a funcionalidade do telhado. Sem eles, o telhado fica incompleto, podendo trazer problemas funcionais permanentes.

11.2.1 Cumeeiras

As cumeeiras são colocadas nos pontos mais altos do telhado, onde haja mudança de declividade (Fig. 11.4). Foram desenvolvidas para a perfeita vedação das telhas em ambas as águas. Para seu correto funcionamento, as duas abas devem ser iguais e fabricadas com a mesma seção da telha adjacente. Como alternativa, existem ainda as cumeeiras planas, em chapa lisa, e as dentadas, cujos dentes acompanham a seção da telha.

Fig. 11.4 *Cumeeira para telhas em zincalume*

Em telhados de pequena inclinação, não se deve empregar cumeeiras planas, pois a brecha entre as nervuras da telha ensejaria a entrada de água quando da ocorrência de chuvas com vento contrário ao caimento.

De modo geral, as cumeeiras e outras peças de acabamento são fabricadas a partir de chapas finas e maleáveis, permitindo a correta acomodação à inclinação do telhado. Caso contrário, haveria grande dificuldade em sua especificação e produção, pois para cada inclinação seria necessária uma peça diferente.

11.2.2 Rufos

Os rufos são peças de duas abas diferentes projetadas para serem colocadas transversalmente, em pontos altos e extremos das telhas, no encontro delas com uma interface no plano vertical – uma alvenaria ou uma platibanda, por exemplo. Têm uma aba conformada à seção da telha adjacente e a outra lisa, com 90° entre si. Alternativamente, podem ser produzidos com dentes que acompanham a seção da telha.

11.2.3 Contrarrufos

Com a função inversa da dos rufos, os contrarrufos são colocados longitudinalmente às telhas e têm a finalidade de vedar suas laterais quando do encontro com uma interface vertical. Possuem duas abas lisas, confeccionadas fazendo 90° entre si.

11.2.4 Pingadeiras

Aplicam-se as pingadeiras nos beirais das telhas, estejam eles livres ou dentro das calhas. Têm a função básica de evitar o retorno da água, principalmente em telhados de pequena inclinação. São sempre fixadas na parte inferior da telha e fabricadas com uma aba estampada na seção da telha adjacente e a outra lisa, com 90° entre ambas.

11.2.5 Capotes

Os capotes são peças especiais de acabamento e proteção contra as chuvas utilizadas nos topos das alvenarias ou das vigas de platibandas. São fabricados a partir de chapas planas e, dependendo da geometria local, podem ter três ou mais abas contínuas.

11.3 Terças

Numa malha espacial, as terças são elementos secundários, isto é, não fazem parte do sistema estrutural. Servem tão somente como ligação entre o telhado e a estrutura portante, sendo fixadas a esta última por meio de consoles (Fig. 11.5). Podem ser fabricadas usualmente nas seções U ou Z simples ou enrijecidos, ou duplo U enrijecido – formando perfil box (caixa).

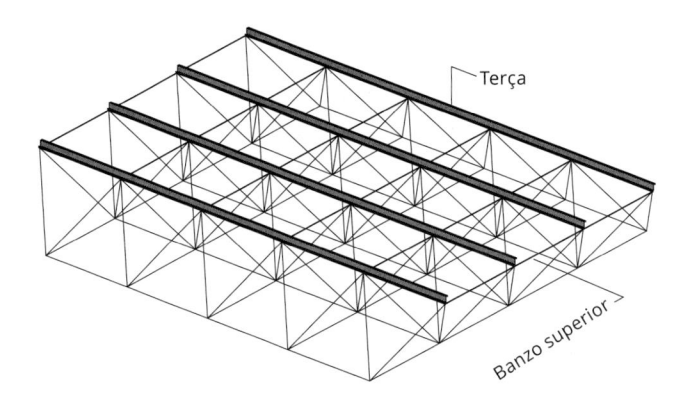

Fig. 11.5 *Diagrama esquemático de posicionamento das terças numa estrutura espacial*

Importante:

Ao utilizar materiais diferentes (de potencial eletronegativo distinto) para as telhas e as terças, como aço e alumínio, deve-se mantê-los isolados mecanicamente para evitar qualquer probabilidade de corrosão eletroquímica, mesmo que um dos elementos receba pintura.

Um dos meios mais adotados para o isolamento físico entre terças em aço e telhas em alumínio, por exemplo, é a colocação longitudinalmente de uma fita isolante por sobre a aba superior da terça, na interface entre os dois materiais.

Cuidado especial deve ser tomado quanto à dilatação térmica ao empregar materiais dissimilares para a estrutura principal e para terças e telhas da cobertura.

11.4 Acessórios de fixação

São chamados de acessórios de fixação aqueles elementos usados para a fixação das telhas nas terças ou entre si.

11.4.1 Ganchos

Também conhecidos como hastes de fixação, os ganchos são vergalhões redondos em aço ou alumínio com 6 mm ou 8 mm de diâmetro, fabricados em forma de "L" ou "J" e com rosca no trecho superior (Fig. 11.6). São dobrados de maneira que se encaixem no perfil da terça e sempre colocados no topo da onda da telha – trapezoidal ou ondulada.

Para que sejam aplicados, é necessário que a equipe seja composta por pelo menos

Fig. 11.6 *Diversos ganchos tipo "J" em aço galvanizado*

duas pessoas: a primeira desloca-se por cima do telhado, realizando a operação de furação das telhas, enquanto a segunda, situada na parte inferior, coloca o gancho de baixo para cima, aperta a contraporca ou coloca o perfil espaçador, ao mesmo tempo que a outra pessoa efetua o aperto final da porca superior.

Posteriormente à etapa de colocação dos ganchos, outra equipe desloca-se por sobre o telhado para o emassamento de vedação dos topos dos ganchos.

11.4.2 Parafusos autoatarraxantes/autobrocantes

Atualmente, há uma grande tendência de abolir o uso de ganchos nas fixações de telhas, pois sua colocação é demorada e dispendiosa.

Os parafusos autoatarraxantes/autobrocantes, que constituem uma alternativa aos ganchos, são inseridos com equipamento eletromecânico de alta performance e já trazem embutido o sistema de vedação em EPDM (Fig. 11.7). São sempre colocados na onda baixa da telha, e sua aplicação pode ser feita por somente um operário. Também são utilizados nos recobrimentos laterais, como fixadores de costura.

São especialmente projetados para, ao mesmo tempo, efetuarem as operações de furação da telha e da terça simultaneamente, fixação entre si desses dois elementos e vedação perfeita do telhado.

Fig. 11.7 *Parafuso autobrocante*

11.4.3 Rebites tipo POP

Os rebites tipo POP são fixadores projetados para a união de duas ou mais chapas finas com acesso somente por um lado (Fig. 11.8). Funcionam por repuxo da haste central com equipamento pneumático ou manual e consequente expansão do fuste, que, com o aumento volumétrico, provê o necessário aperto entre as partes.

Fig. 11.8 *Rebite tipo POP*

Nos telhados de malhas espaciais, esses rebites são geralmente utilizados para a costura do recobrimento lateral das telhas e a fixação dos demais elementos de vedação. Podem ser fabricados em aço comum, inox ou alumínio, sendo este último o mais apropriado e comumente empregado.

11.4.4 Fitas de vedação

As fitas de vedação são adotadas para melhorar o desempenho do telhado quanto à estanqueidade. São fabricadas em borracha butílica, com alta resistência, elasticidade, pegajosidade e poder de adesão, além de elongação superior a 1.000%. Apresentam temperatura de serviço de −40 °C a 82 °C e têm ótima aderência a metais, alumínio, concreto, vidro e galvalume.

Entre outras utilidades, essas fitas foram desenvolvidas para a selagem dos transpasses transversais e longitudinais das telhas, impedindo o refluxo da água pelo vento ou por capilaridade. Também são empregadas para selar emendas de dutos de ar condicionado e vedar a entrada de poeira, ar e umidade em uniões, portas, janelas, calhas, algerozes e rufos. Além disso, são usadas como anticorrosivo na união de metais dissimilares e como barreira de vapor em painéis frigoríficos.

Como exemplo, na Tab. 11.1 e na Fig. 11.9 são mostradas as características das fitas de vedação produzidas pela Hard Indústria e Comércio Ltda.

Tab. 11.1 Tamanhos e propriedades da fita adesiva selante da Hard

	Tamanhos disponíveis		Propriedades			
	Comprimento da fita	Dimensões	Elongação (ASTM C908 – ASTM, 2015)	Temperatura de serviço	Temperatura da superfície no momento da aplicação	Resistência à tensão (ASTM C907 – ASTM, 2017)
Fita lisa	13,71 m	2,31 mm × 9,5 mm	> 1.000%	−40 °C a 82 °C	−20,5 °C a 48,5 °C	Mínimo de 20 psi
	13,71 m	2,31 mm × 12,5 mm				
Fita web	12,2 m	4,76 mm × 22,22 mm				

Metal

Fig. 11.9 *Fita de vedação da Hard*

12
DIMENSIONAMENTO DAS BARRAS DE UMA MALHA ESPACIAL

Ginásio de esportes Pedro Ciarlini, em Mossoró (RN). Estrutura espacial em alumínio com acabamento natural. Execução da Metal Arte Estruturas Metálicas, que gentilmente cedeu a foto. Inauguração no ano de 2004

Este capítulo trata do dimensionamento das barras a somente esforços axiais de compressão ou tração, uma vez que elas são consideradas barras de treliças perfeitas cujo coeficiente de flambagem é tomado igual a K = 1.

Por outro lado, assume-se que as cargas distribuídas atuantes na cobertura, como o peso próprio das telhas ou o vento, sejam transferidas diretamente para os nós do banzo superior através das terças, essas sim dimensionadas à flexão.

Admite-se ainda que as demais cargas distribuídas, como do forro, dos dutos elétricos ou de ar condicionado e das luminárias, entre outras, devam ser fixadas somente nos nós da camada inferior ou superior, nunca na barra.

As normas para o aço e o alumínio aqui utilizadas têm a função básica de mostrar ao projetista o comportamento comparativo das barras tubulares circulares ou retangulares quanto a sua esbeltez e as respectivas tensões de flambagem por flexão, bem como suas resistências à tração.

Serão abordadas as seções estruturais mais utilizadas: o tubo retangular ou quadrado e o circular (Fig. 12.1).

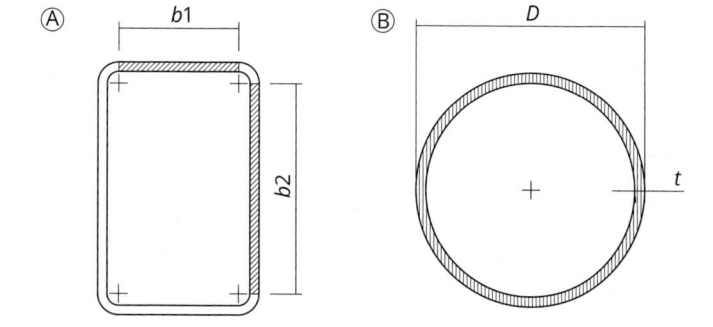

Fig. 12.1 Seções estruturais mais utilizadas: (A) tubo retangular e (B) tubo circular

Para o tubo retangular, considera-se:

$$\lambda = \frac{b_{máx}}{t} \tag{12.1}$$

Para o tubo circular:

$$\lambda = \frac{D}{t} \tag{12.2}$$

em que:

λ = índice de esbeltez;

$b_{máx}$ = largura máxima efetiva da seção retangular (mm) (maior valor entre b1 e b2 na Fig. 12.1);

t = espessura da chapa (mm);

D = diâmetro da seção (mm).

12.1 Dimensionamento de barras tubulares em aço pelo método dos estados-limites segundo a NBR 8800

A NBR 8800 (ABNT, 2008) é a principal regulamentação nacional para projetos de estruturas metálicas em aço. A abordagem do comportamento das barras aos esforços axiais se dará separadamente para a tração e para a compressão.

12.1.1 Dimensionamento à tração

Na seção 5.2 da norma, tem-se que:

$$N_{t,Sd} \leq N_{t,Rd} \tag{12.3}$$

em que:

$N_{t,Sd}$ = força axial de tração solicitante de cálculo (*design*) (N);
$N_{t,Rd}$ = força axial de tração resistente de cálculo (N).

A força axial resistente é calculada conforme a seção 5.2.2 da norma, sendo escolhido o menor dos dois valores a seguir.

- Condição de escoamento da seção bruta:

$$N_{t,Rd} = \frac{A_g f_y}{\gamma_{a1}} \tag{12.4}$$

- Condição de ruptura da seção líquida:

$$N_{t,Rd} = \frac{A_e f_u}{\gamma_{a2}} \tag{12.5}$$

em que:

A_g = área bruta da seção (mm²);
A_e = área líquida efetiva da seção (mm²);
f_y = tensão de escoamento do aço em uso (MPa);
f_u = tensão mínima de ruptura do aço em uso (MPa);
N = forças atuantes ou resistentes (N);
γ_{a1} = 1,10;
γ_{a2} = 1,35.

Definem-se γ_{a1} e γ_{a2} como os coeficientes de ponderação das resistências do aço estrutural para estados-limites últimos relacionados, no primeiro caso, a escoamento, flambagem e instabilidade e, no segundo caso, a ruptura, em combinações de carregamentos normais ou especiais (ver seção 4.8.2 da norma).

É admitida a esbeltez-limite de λ = 300, exceto para tirantes em barras redondas em tração (vergalhões) ou outras barras que estejam em permanente estado de tração.

12.1.2 Dimensionamento à compressão

Na seção 5.3 da norma, tem-se que:

$$N_{c,Sd} \leq N_{c,Rd} \qquad (12.6)$$

em que:

$N_{c,Sd}$ = força axial de compressão solicitante de cálculo (*design*) (N);
$N_{c,Rd}$ = força axial de compressão resistente de cálculo (N).

A força axial resistente é calculada conforme a seção 5.3.2 da norma:

$$N_{c,Rd} = \frac{\chi Q A_g f_y}{\gamma_{a1}} \qquad (12.7)$$

em que:

χ = fator de redução associado à resistência à compressão;
Q = fator de redução devido à flambagem local (anexo F da norma).

Encontra-se χ por meio das expressões a seguir.
Para $\lambda_0 \leq 1{,}5$:

$$\chi = 0{,}658^{\lambda_0^2} \qquad (12.8)$$

Para $\lambda_0 > 1{,}5$:

$$\chi = \frac{0{,}877}{\lambda_0^2} \qquad (12.9)$$

em que:
λ_0 = índice de esbeltez reduzido, dado por:

$$\lambda_0 = \sqrt{\frac{Q A_g f_y}{N_e}} \qquad (12.10)$$

em que:
N_e = força de flambagem elástica (N) (anexo E da norma).

De acordo com o anexo E da norma, no item relativo a seções com dupla simetria ou simétricas em relação a um ponto, incluindo-se aí as seções tubulares retangulares ou quadradas e circulares, se a seção tiver dois eixos de simetria em X e Y:

$$N_{ex} = \frac{\pi^2 E I_x}{K L_x^2} \qquad (12.11)$$

$$N_{ey} = \frac{\pi^2 E I_y}{K L_y^2} \qquad (12.12)$$

Se a seção for circular:

$$N_e = \frac{\pi^2 E I}{K L^2} \qquad (12.13)$$

em que:
E = módulo de elasticidade do aço;
I_x e I_y = momento de inércia da seção transversal;
K = coeficiente de flambagem;
L_x, L_y e L = comprimento de flambagem.

Em se tratando de barras de treliças de estruturas espaciais, adotam-se K = 1 e $L_x = L_y = L$.

As unidades devem ser coerentes dentro de um mesmo sistema de medidas.

A compacidade da seção é verificada conforme as prescrições do anexo F da norma. Para perfis retangulares ou quadrados laminados com bordas curvas (ver seção F.1.2 e tabela F.1):

$$\text{Se } \lambda \leq \lambda_{\lim} \rightarrow Q = 1 \qquad (12.14)$$

sendo

$$\lambda = \frac{b}{t} \qquad (12.15)$$

$$\lambda_{\lim} = 1{,}40 \sqrt{\frac{E}{f_y}} \qquad (12.16)$$

Para perfis tubulares circulares (ver seção F.4):

$$\text{Se } \lambda \leq \lambda_p \rightarrow Q = 1 \qquad (12.17)$$

$$\text{Se } \lambda_p < \lambda \leq \lambda_r \rightarrow Q = \frac{0{,}038}{\lambda} \frac{E}{f_y} + \frac{2}{3} \qquad (12.18)$$

$$\text{Se } \lambda > \lambda_r \rightarrow \text{Não se admite!} \qquad (12.19)$$

sendo

$$\lambda = \frac{D}{t} \qquad (12.20)$$

$$\lambda_p = 0{,}11 \frac{E}{f_y} \qquad (12.21)$$

$$\lambda_r = 0{,}45 \frac{E}{f_y} \qquad (12.22)$$

Observação: para maior facilidade no cálculo de χ, pode-se utilizar a curva de flambagem da Fig. 12.2.

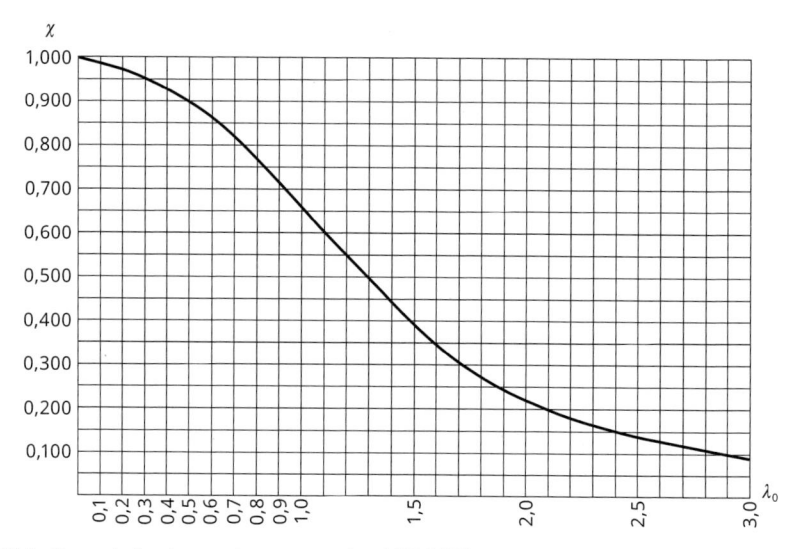

Fig. 12.2 *Curva de flambagem do aço segundo a NBR 8800*

12.1.3 Exemplo prático: cálculo das forças resistentes à tração e à compressão de uma seção tubular circular

Considerem-se os dados a seguir:
- aço A36 com F_y = 2.536 kgf/cm², F_u = 4.077 kgf/cm² e E = 2.050.000 kgf/cm²;
- tubo 50 × 2 mm com A_g = 3,016 cm², A_e = 2,316 cm², I = 8,70 cm⁴, r = 1,699 cm e L = 250 cm.

Sendo:

I = momento de inércia da seção;

r = raio de giro da seção;

L = comprimento da peça.

À tração

- Condição de escoamento da seção bruta:

$$N_{t,Rd} = \frac{A_g F_y}{\gamma_{a1}}$$

$$N_{t,Rd} = \frac{3{,}016 \times 2.536}{1{,}10} = 6.953{,}25 \,\text{kgf}$$

- Condição de ruptura da seção líquida:

$$N_{t,Rd} = \frac{A_e F_u}{\gamma_{a2}}$$

$$N_{t,Rd} = \frac{2{,}316 \times 4.077}{1{,}35} = 6.994{,}32 \,\text{kgf}$$

Adota-se o menor valor. Portanto, $N_{t,Rd}$ = 6.953,25 kgf.

À compressão

- Verificação da compacidade da seção:

$$\text{Se } \lambda \leq \lambda_p \rightarrow Q = 1$$

$$\lambda = \frac{D}{t} = \frac{50}{2} = 25$$

$$\lambda_p = 0{,}11 \frac{E}{f_y} = 0{,}11 \times \frac{2.050.000}{2.536} = 88{,}92$$

$$25 \leq 88{,}92 \rightarrow Q = 1$$

- Cálculo das demais variáveis:

$$N_e = \frac{\pi^2 EI}{KL^2} = \frac{3{,}1416^2 \times 2.050.000 \times 8{,}70}{1 \times 250^2} = 2.816{,}4 \,\text{kgf}$$

$$\lambda_0 = \sqrt{\frac{QA_g F_y}{N_e}} = \sqrt{\frac{1 \times 3{,}016 \times 2.536}{2.816{,}4}} = 1{,}648$$

$$\lambda_0^2 = 2{,}716$$

- Cálculo do fator de redução para $\lambda_0 > 1{,}5$:

$$\chi = \frac{0{,}877}{\lambda_0^2} = 0{,}323$$

Esse valor pode ser conferido no gráfico da Fig. 12.2.

- Cálculo da força resistente:

$$N_{c,Rd} = \frac{\chi Q A_g F_y}{\gamma_{a1}} = \frac{0{,}323 \times 1 \times 3{,}016 \times 2.536}{1{,}10} = 2.245{,}90 \,\text{kgf}$$

12.2 Dimensionamento de barras tubulares em aço pelos métodos dos estados-limites e das tensões admissíveis segundo a ANSI/AISC 360-05

12.2.1 Dimensionamento à tração

Segundo o capítulo D da referida norma (AISC, 2005), a resistência de cálculo à tração é escolhida pelo menor valor e dada pelas expressões a seguir, dependendo do método de avaliação, que pode ser o dos estados-limites (*load and resistance factor design* – LRFD) ou o das tensões admissíveis (*allowable stress design* – ASD):

$$P_{dt} = \phi_t P_n \,(\text{LRFD}) \tag{12.23}$$

$$P_{dt} = \frac{P_n}{\Omega_t} \,(\text{ASD}) \tag{12.24}$$

em que:
P_{dt} = resistência de cálculo à tração;
ϕ_t = fator de resistência à tração;
P_n = força axial nominal;
Ω_t = fator de segurança à tração.

Nas condições apresentadas na sequência.
• No escoamento da seção bruta:

$$P_n = F_y A_g \tag{12.25}$$

Com a adoção dos coeficientes de segurança ϕ_t = 0,90 (LRFD) e Ω_t = 1,67 (ASD).

• Na ruptura da área líquida da seção:

$$P_n = F_u A_e \tag{12.26}$$

Com os coeficientes ϕ_t = 0,75 (LRFD) e Ω_t = 2,00 (ASD).

Para a determinação da área líquida efetiva (A_e), ver seção D.3 da citada norma.
Considera-se a esbeltez-limite de λ = 300 para barras em tração, exceto para vergalhões ou pendurais pré-tracionados.

12.2.2 Dimensionamento à compressão

Conforme o capítulo E da norma, são consideradas as seções tubulares circulares ou retangulares em estado-limite de flambagem à flexão que atendam também às prescrições de compacidade da seção B.4. Para essa norma, a esbeltez-limite de peças à compressão é de $\lambda = 200$.

A resistência de cálculo à compressão é dada pelas expressões a seguir, dependendo do método de avaliação:

$$P_{dc} = \phi_c P_n \text{ (LRFD)} \tag{12.27}$$

$$P_{dc} = \frac{P_n}{\Omega_c} \text{ (ASD)} \tag{12.28}$$

sendo

$$P_n = F_{cr} A_g \tag{12.29}$$

em que:
P_{dc} = resistência de cálculo à compressão;
ϕ_c = fator de resistência à compressão;
Ω_c = fator de segurança à compressão;
F_{cr} = tensão de flambagem.

Com os coeficientes de segurança $\phi_c = 0{,}90$ (LRFD) e $\Omega_c = 1{,}67$ (ASD).
O cálculo de F_{cr} se dá em função da esbeltez (λ). Para $\lambda \leq 4{,}71\sqrt{E/F_y}$ ou $F_e \geq 0{,}44 F_y$:

$$F_{cr} = \left[0{,}658^{(F_y/F_e)}\right] F_y \tag{12.30}$$

em que:
F_e = tensão crítica de flambagem no regime elástico.

Já para $\lambda \geq 4{,}71\sqrt{E/F_y}$ ou $F_e \leq 0{,}44 F_y$:

$$F_{cr} = 0{,}877 F_e \tag{12.31}$$

A verificação das condições de compacidade das seções estruturais é feita de acordo com a seção B.4. Para seções tubulares retangulares ou quadradas onde $\lambda = b/t$:

$$\text{Se } \lambda \leq \lambda_p \rightarrow \text{seção compacta OK} \tag{12.32}$$
$$\text{Se } \lambda_p < \lambda \leq \lambda_r \rightarrow \text{seção não compacta OK} \tag{12.33}$$
$$\text{Se } \lambda > \lambda_r \rightarrow \text{seção esbelta não aplicável} \tag{12.34}$$

sendo

$$\lambda_p = 1{,}12\sqrt{\frac{E}{F_y}} \quad (12.35)$$

$$\lambda_r = 1{,}40\sqrt{\frac{E}{F_y}} \quad (12.36)$$

Para seções tubulares circulares onde $\lambda = D/t$:

$$\lambda_r = 0{,}11\frac{E}{F_y} \quad (12.37)$$

A curva de flambagem do aço A36 segundo a ANSI/AISC 360-05 é ilustrada na Fig. 12.3.

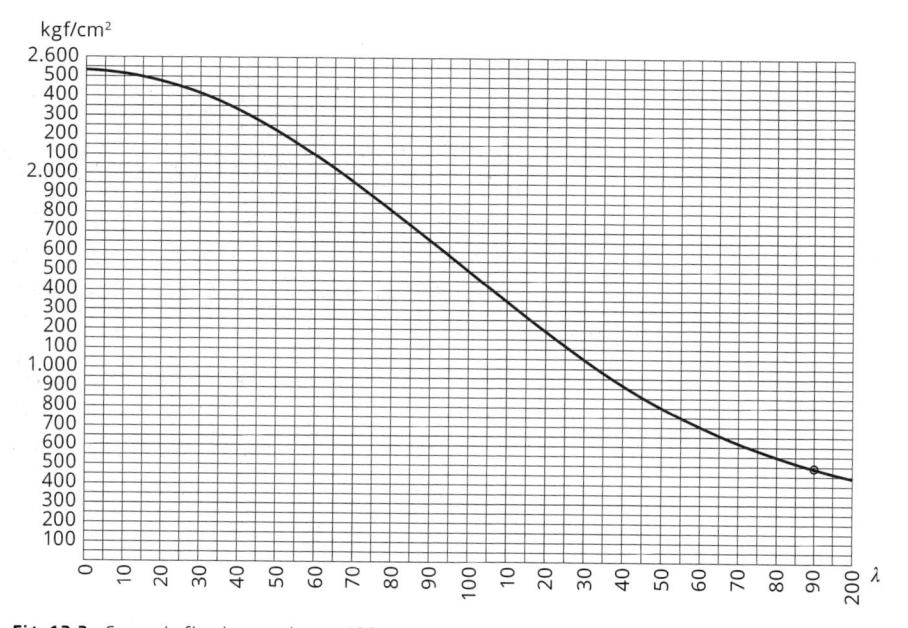

Fig. 12.3 *Curva de flambagem do aço A36 segundo a ANSI/AISC 360-05 para os métodos LRFD e ASD*

12.2.3 Exemplo prático: cálculo das forças resistentes à tração e à compressão de uma seção tubular circular pelos métodos LRFD e ASD

Considerem-se os dados a seguir:

- aço A36 com F_y = 2.536 kgf/cm², F_u = 4.077 kgf/cm² e E = 2.050.000 kgf/cm²;
- tubo 50 × 2 mm com A_g = 3,016 cm², A_e = 2,316 cm², I = 8,70 cm⁴, r = 1,699 cm e L = 250 cm.

Com os seguintes coeficientes de segurança:

- ϕ_{t1} = 0,90 (LRFD) e Ω_{t1} = 1,67 (ASD) na condição de escoamento;

- $\phi_{t2} = 0{,}75$ (LRFD) e $\Omega_{t2} = 2{,}00$ (ASD) na condição de ruptura;
- $\phi_c = 0{,}90$ (LRFD) e $\Omega_c = 1{,}67$ (ASD) na flambagem.

Serão usadas as unidades coerentes kgf e cm.

À tração
- No escoamento da seção bruta:

$$P_{dt} = \phi_{t1} P_n = \phi_{t1} F_y A_g = 0{,}90 \times 2.536 \times 3{,}016 = 6.883{,}72 \, \text{kgf} \, (\text{LRDF})$$

$$P_{dt} = \frac{P_n}{\Omega_{t1}} = \frac{F_y A_g}{\Omega_{t1}} = \frac{2.536 \times 3{,}016}{1{,}67} = 4.579{,}99 \, \text{kgf} \, (\text{ASD})$$

- Na ruptura da área líquida da seção:

$$P_{dt} = \phi_{t2} P_n = \phi_{t2} F_u A_e = 0{,}75 \times 4.077 \times 2{,}316 = 7.081{,}75 \, \text{kgf} \, (\text{LRDF})$$

$$P_{dt} = \frac{P_n}{\Omega_{t2}} = \frac{F_u A_e}{\Omega_{t2}} = \frac{4.077 \times 2{,}316}{2} = 4.721{,}17 \, \text{kgf} \, (\text{ASD})$$

Adotam-se os menores valores:
- para o método LRFD → P_{dt} = 6.883,72 kgf;
- para o método ASD → P_{dt} = 4.579,99 kgf.

À compressão
- Verificação da compacidade da seção:

$$\lambda_r = 0{,}11 \frac{E}{F_y} = 88{,}92$$

- Esbeltez local:

$$\lambda_i = \frac{D}{t} = 25$$

$$\lambda_i < \lambda_r \; \text{OK}$$

- Esbeltez à flexão:

$$\lambda = \frac{KL}{r} = 147{,}15$$

- Esbeltez crítica:

$$\lambda_{cr} = 4{,}71 \sqrt{\frac{E}{F_y}} = 133{,}91$$

- Tensão elástica:

$$F_e = \frac{\pi^2 E}{\lambda^2} = 934,40\,\text{kgf/cm}^2$$

- Tensão de flambagem para $\lambda \geq \lambda_{cr}$:

$$F_{cr} = 0,877 F_e = 0,877 \times 934 = 819,47\,\text{kgf/cm}^2$$

- Cálculo final das forças:

O cálculo final das forças para o método LRFD é:

$$P_{dc} = \phi_c F_{cr} A_g = 0,90 \times 819 \times 3,016 = 2.224,37\,\text{kgf}$$

Já para o método ASD, é:

$$P_{dc} = \frac{F_{cr} A_g}{\Omega_c} = \frac{819 \times 3,016}{1,67} = 1.479,95\,\text{kgf}$$

Comentário:

Ao comparar os resultados da NBR 8800 e da ANSI/AISC 360-05, ambas no método dos estados-limites, nota-se que a diferença é muito próxima a 1%, ou seja, muito pequena. No entanto, a norma americana parece muito mais simples, compacta e fácil de entender do que a brasileira.

12.3 Dimensionamento de barras tubulares em alumínio liga 6351-T6 pelos métodos das tensões admissíveis e dos estados-limites segundo o manual da Aluminum Association

12.3.1 Método ASD

Dimensionamento à tração axial

Conforme o manual da Aluminum Association (2005, seção 3.4.1 da parte I-A), deve-se escolher a menor força admissível entre as duas condições a seguir.

- Na seção bruta (A_g):

$$F_t = \frac{F_{ty}}{n_y} \tag{12.38}$$

em que:

F_t = tensão admissível à tração (MPa);

F_{ty} = tensão de escoamento na tração (MPa);

n_y = coeficiente de segurança, tomado igual a 1,65.

- Na seção efetiva (A_e):

$$F_t = \frac{F_{tu}}{k_t n_u} \quad (12.39)$$

em que:

F_{tu} = tensão de ruptura (MPa);

k_t = 1 para as ligas 6351 e 6061;

n_u = coeficiente de segurança, tomado igual a 1,95.

Para seções tubulares "amassadas" (ver seção 5.1.5 da parte I-A do manual):

$$A_e = A liq. \quad (12.40)$$

Dimensionamento à compressão axial – seções tubulares circulares

Segundo a seção 3.4.7 da parte I-A, as tensões admissíveis são determinadas pela curva de flambagem.

Para $\lambda \leq S_1$:

$$F_c = \frac{F_{cy}}{n_y} \quad (12.41)$$

em que:

F_c = tensão admissível à compressão (MPa);

F_{cy} = tensão de escoamento na compressão (MPa).

Para $S_1 < \lambda < S_2$:

$$F_c = \frac{1}{n_u (B_c - D_c \lambda)} \quad (12.42)$$

Para $\lambda \geq S_2$:

$$F_c = \frac{\pi^2 E}{n_u \lambda^2} \text{ (tensão de Euler)} \quad (12.43)$$

O índice de esbeltez λ é tomado igual a:

$$\lambda = \frac{KL}{r} \quad (12.44)$$

em que:

K = coeficiente de flambagem;

L = comprimento eixo a eixo do tubo;

r = raio de giro da seção.

Os limites da curva de flambagem S_1 e S_2 são obtidos por meio de:

$$S_1 = \left(B_c - \frac{n_u F_{cy}}{n_y}\right)/D_c \qquad (12.45)$$

$$S_2 = C_c \qquad (12.46)$$

As constantes B_c, D_c e C_c para as ligas com têmperas T6 são calculadas conforme:

$$B_c = F_{cy}\left[1 + \left(\frac{F_{cy}}{15.510}\right)^{1/2}\right] \qquad (12.47)$$

$$D_c = \frac{B_c}{10}\left(\frac{B_c}{E}\right)^{1/2} \qquad (12.48)$$

$$C_c = 0{,}41\frac{B_c}{D_c} \qquad (12.49)$$

Usar para as tensões a unidade MPa.

A curva de flambagem do alumínio liga 6351-T6 é ilustrada na Fig. 12.4.

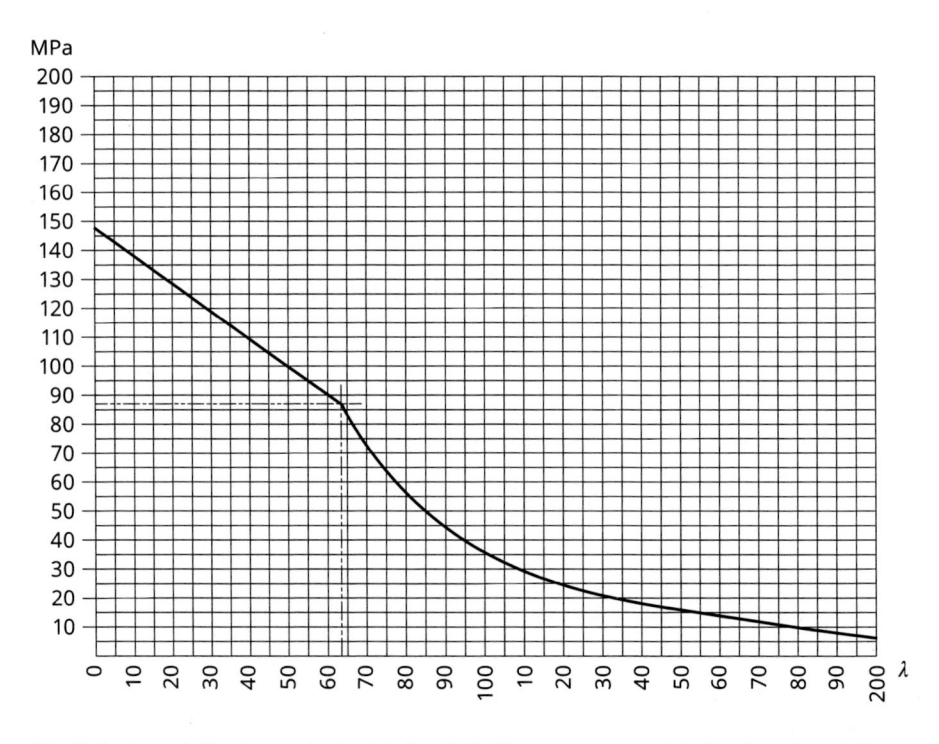

Fig. 12.4 *Curva de flambagem do alumínio liga 6351-T6 segundo o manual da Aluminum Association para o método ASD*

12.3.2 Método LRFD

Dimensionamento à tração axial

De acordo com a seção 3.4.1 da parte I-B, deve-se escolher a menor força admissível entre as duas condições a seguir.

- Na seção bruta (A_g):

$$\phi F_{Lt} = \phi_y F_{ty} \qquad (12.50)$$

em que:

F_{Lt} = tensão-limite resistente à tração (MPa);
ϕ_y = coeficiente de segurança, tomado igual a 0,95.

- Na seção efetiva (A_e):

$$\phi F_{Lt} = \frac{\phi_u F_{tu}}{k_t} \qquad (12.51)$$

em que:

ϕ_u = coeficiente de segurança, tomado igual a 0,85;
k_t = 1 para as ligas 6351 e 6061.

A seção efetiva deve ser calculada conforme a seção 5.1.5 da parte I-B do manual. Para peças tubulares com extremidades "amassadas", considera-se:

$$A_e = A_{liq}. \qquad (12.52)$$

Dimensionamento à compressão axial – seções tubulares circulares

Segundo a seção 3.4.7 da parte I-B, as tensões resistentes são determinadas pela curva de flambagem.

Para $\lambda^* \leq S_1^*$:

$$\phi F_{Lc} = \phi_{cc} F_{cy} \qquad (12.53)$$

em que:

F_{Lc} = tensão-limite resistente à compressão (MPa);
ϕ_{cc} = coeficiente de segurança.

Para $S_1^* < \lambda^* < S_2^*$:

$$\phi F_{Lc} = \phi_{cc} \left(B_c - D_c \lambda^* \right) \qquad (12.54)$$

Para $\lambda^* \geq S_2^*$

$$\phi F_{Lc} = \frac{\phi_{cc} F_{cy}}{\lambda^{*2}} \quad (12.55)$$

Os limites da curva de flambagem S_1^* e S_2^* são calculados por meio de:

$$S_1^* = \frac{B_c - F_{cy}}{D_c^*} \quad (12.56)$$

$$S_2^* = \frac{C_c}{\pi} \sqrt{\frac{F_{cy}}{E}} \quad (12.57)$$

sendo

$$D_c^* = \pi D_c \sqrt{\frac{E}{F_{cy}}} \quad (12.58)$$

Os valores das constantes B_c, D_c e C_c permanecem os mesmos do método anterior. O índice de esbeltez λ^* é obtido por:

$$\lambda^* = \frac{\lambda}{\pi} \sqrt{\frac{F_{cy}}{E}} \quad (12.59)$$

com os seguintes coeficientes de segurança:

$$\text{Se } \lambda^* \leq 1{,}2 \rightarrow \phi_{cc} = 1 - 0{,}21 \lambda^* \quad (12.60)$$
$$\text{Se } \lambda^* > 1{,}2 \rightarrow \phi_{cc} = 0{,}14 \lambda^* + 0{,}58 \quad (12.61)$$

Deve-se verificar sempre se $\phi_{cc} \leq 0{,}95$.

Atenção: a adoção de ϕ_{cc} variáveis segundo as equações apresentadas provoca indesejável descontinuidade nos valores das tensões na curva de flambagem.

A Fig. 12.5 apresenta a curva de flambagem do alumínio liga 6351-T6.

12.3.3 Exemplo prático: cálculo das forças resistentes à tração e à compressão de uma seção tubular circular em alumínio liga 6351-T6 pelos métodos ASD e LRFD

Considerem-se os dados a seguir:
- liga de alumínio com $F_{ty} = F_{cy} = 255$ MPa, $F_u = 290$ MPa e $E = 69.600$ MPa;
- tubo 50 × 2 mm com $A_g = 301{,}593$ mm², $A_e = 231{,}593$ mm², $I = 87.009{,}55$ mm⁴, $r = 16{,}985$ mm e $L = 2.500$ mm.

Com os coeficientes de segurança $n_y = 1{,}65$, $n_u = 1{,}95$, $\phi_y = 0{,}95$, $\phi_u = 0{,}85$ e $k_t = 1$. Serão utilizadas as unidades coerentes MPa, mm e N.

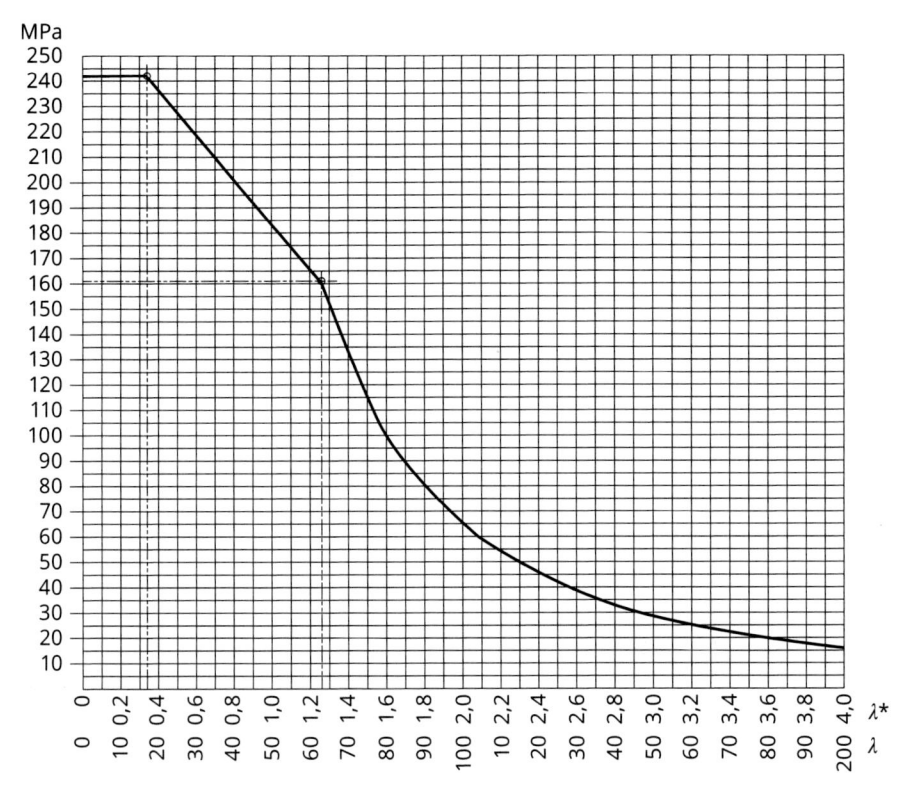

Fig. 12.5 *Curva de flambagem do alumínio liga 6351-T6 segundo o manual da Aluminum Association para o método LRFD. Essa curva foi propositadamente modificada para coeficientes ϕ_{cc} constantes iguais a 0,95, uma vez que suas equações propostas no manual provocam descontinuidade na curva, o que não é desejável*

À tração – método ASD

- No escoamento da seção bruta:

$$P_t = A_g F_t = A_g \frac{F_{ty}}{n_y} = 301{,}593 \times \frac{255}{1{,}65} = 46.609{,}83\,\text{N}$$

- Na ruptura da área líquida da seção:

$$P_t = A_e F_t = A_e \frac{F_{tu}}{k_t n_u} = 231{,}593 \times \frac{290}{1 \times 1{,}95} = 34.442{,}04\,\text{N}$$

Adota-se o menor valor. Portanto, $P_t = 34.442{,}04$ N.

À compressão – método ASD

- Verificação da compacidade da seção:

$$\frac{D}{t} = \frac{50}{2} = 25 \quad \text{OK}$$

$$\lambda = \frac{KL}{r} = \frac{1 \times 2.500}{16,985} = 147,19 \text{ dentro do limite, OK}$$

- Cálculo das constantes B_c, D_c e C_c:

$$B_c = F_{cy}\left[1 + \left(\frac{F_{cy}}{15.510}\right)^{1/2}\right] = 287,70$$

$$D_c = \frac{B_c}{10}\left(\frac{B_c}{E}\right)^{1/2} = 1,85$$

$$C_c = 0,41\frac{B_c}{D_c} = 63,77$$

- Cálculo dos intervalos da validade:

$$S_1 = \frac{\left(B_c - \frac{n_u F_{cy}}{n_y}\right)}{D_c} = -7,389$$

$$S_2 = C_c = 63,77$$

Então, para $\lambda \geq S_2$:

$$F_c = \frac{\pi^2 E}{n_u \lambda^2}\text{(Euler)} = 16,26\,\text{MPa}$$

A força resistente será:

$$P_c = A_g F_c = 4.904\,\text{N}$$

em que:
P_c = força de flambagem na peça (máxima axial admissível);
F_c = tensão de compressão à flambagem.

À tração – método LRFD

- No escoamento da seção bruta:

$$P_{Lt} = A_g \phi F_{Lt} = A_g \phi_y F_{ty} = 301,593 \times 0,95 \times 255 = 73.060,90\,\text{N}$$

- Na ruptura da área líquida da seção:

$$P_{Lt} = A_e \phi F_{Lt} = A_e \frac{\phi_u F_{tu}}{k_t} = 231,593 \times \frac{0,85 \times 290}{1} = 57.087,67\,\text{N}$$

em que:

P_{Lt} = força-limite à tração.

Adota-se o menor valor. Portanto, P_{Lt} = 57.087,67 N.

À compressão – método LRFD

Conforme já calculado, λ = 147. Os parâmetros da curva de flambagem modificada são λ^* = 2,836, D_c^* = 96,002, S_1^* = 0,341, S_2^* = 1,229 e, como λ^* > 1,2, ϕ_{cc} = 0,977, porém deve-se respeitar o valor máximo de 0,95.

O cálculo da carga de flambagem para $\lambda^* \geq S_2^*$ é:

$$P_{Lc} = \frac{A_g \phi_{cc} F_{cy}}{\lambda^{*2}} = \frac{301,593 \times 0,95 \times 255}{2,836^2} = 9.083,91 \text{N}$$

As tensões de flambagem podem ser conferidas na curva Fig. 12.5.

12.4 Dimensionamento de parafusos de juntas em aço

Como já mencionado, a junta é composta basicamente por chapas principais e nervuras enrijecedoras e tem dimensões, sendo a materialização do nó, que é teórico e adimensional. A fixação das barras em suas respectivas juntas se dá por parafusos em aço e construtivamente é projetada em regime de cisalhamento duplo (Fig. 12.6).

A seguir, serão apresentadas as equações da NBR 8800 e da ANSI/AISC 360-05 para o dimensionamento de parafusos.

Fig. 12.6 *Detalhe de uma junta de estrutura geodésica, em cisalhamento duplo (dupla chapa da junta)*

12.4.1 Ligações aparafusadas –NBR 8800

O dimensionamento de parafusos pela seção 6.3 da NBR 8800, em se tratando de barras de treliças espaciais, requer as seguintes premissas:
- ligações principais em parafusos A325;
- ligações secundárias em parafusos A307;
- conexões por contato (*bearing type connections*) em cisalhamento duplo;
- roscas no plano de cisalhamento;
- a deformação nos furos não é uma condição impeditiva de cálculo;
- distância mínima entre furos = $3d$ (d é o diâmetro do furo);
- distância mínima do furo para as bordas = $1,75d$;

- distância máxima entre furos = 150 mm ou 12t, sendo t a espessura da chapa em consideração (mm);
- tensões nos parafusos conforme a Tab. 12.1.

Tab. 12.1 Tensão máxima em parafusos

Tipo de parafuso	Tração (MPa)	Cisalhamento (MPa)
A307	310	165
A325	620	330

Deve-se considerar ainda a área efetiva na pressão por contato, dada por:

$$A_e = d_0 t \qquad (12.62)$$

em que:
d_0 = diâmetro do parafuso.

A área efetiva na tração, obtida por:

$$A_e = 0{,}75 A_b \qquad (12.63)$$

E a área bruta do parafuso, calculada mediante a seguinte expressão:

$$A_b = \frac{\pi d_0^2}{4} \qquad (12.64)$$

Usar as unidades N, mm e MPa.

A verificação da força resistiva na tração pura é feita por:

$$P_{tR} = \frac{A_e f_{ub}}{\gamma_{a2}} \qquad (12.65)$$

em que:
f_{ub} = tensão de ruptura do material do parafuso (MPa);
γ_{a2} = 1,35 para combinações de cargas normais, especiais ou de construção.

No cisalhamento puro, por:

$$P_{vR} = \frac{0{,}4 A_b f_{ub}}{\gamma_{a2}} \qquad (12.66)$$

E no esmagamento, por:

$$P_{bR} = \frac{1,5L_c t f_u}{\gamma_{a2}} \leq 3d_0 t f_u \tag{12.67}$$

em que:

L_c = distância livre, na direção da força, entre a borda de um furo e a do próximo, ou a distância da borda desse furo à aresta da chapa (mm);

t = espessura da chapa em consideração (mm);

f_u = tensão de ruptura do material da chapa de ligação (MPa).

No caso de tensões combinadas de cisalhamento com tração, a seguinte equação de interação deve ser atendida:

$$\left(\frac{P_t}{P_{tR}}\right)^2 + \left(\frac{P_v}{P_{vR}}\right)^2 \leq 1 \tag{12.68}$$

em que:

P_t e P_v = forças solicitantes;

P_{tR} e P_{vR} = forças resistentes.

As unidades devem ser coerentes dentro de um mesmo sistema de medidas. Deve-se verificar ainda a seguinte condição:

$$P_t \leq \frac{A_b f_{ub}}{\gamma_{a2}} - 1,9P_v \tag{12.69}$$

A Fig. 12.7 ilustra a ligação típica de uma peça de uma estrutura espacial tubular.

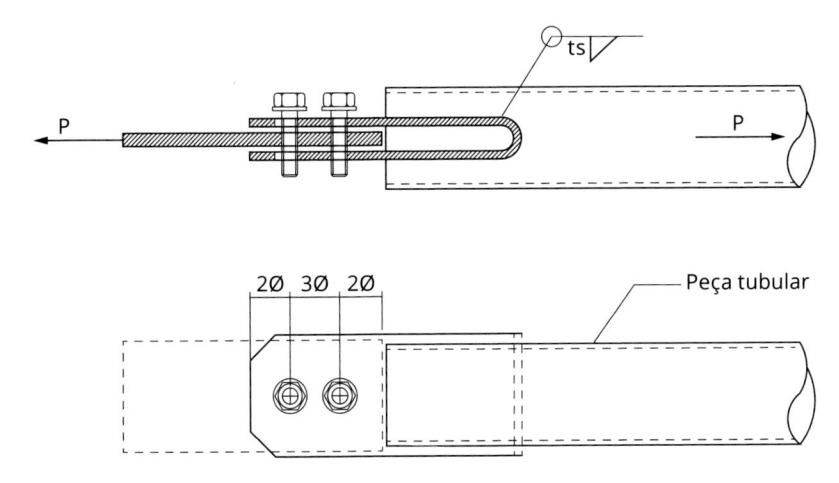

Fig. 12.7 *Ligação em cisalhamento duplo*

12.4.2 Ligações aparafusadas – ANSI/AISC 360-05

As premissas da ANSI/AISC 360-05 (item J.3) para o dimensionamento de parafusos são as mesmas da norma anterior.

O dimensionamento à tração isolada é calculado por meio de:

$$R_t = \phi R_n = \phi F_{nt} A_b \text{ (LRFD)} \qquad (12.70)$$

$$R_t = \frac{R_n}{\Omega} = \frac{F_{nt} A_b}{\Omega} \text{ (ASD)} \qquad (12.71)$$

em que:
R_t = força de resistência à tração admissível (nomenclatura própria);
R_n = força resistente nominal (nomenclatura do AISC);
F_{nt} = tensão nominal de ruptura dos parafusos (ver Tab. 12.1);
$\phi = 0{,}75$;
$\Omega = 2{,}0$.

O dimensionamento ao cisalhamento isoladamente, por:

$$R_v = \phi R_n = \phi F_{nv} A_b \text{ (LRFD)} \qquad (12.72)$$

$$R_v = \frac{R_n}{\Omega} = \frac{F_{nv} A_b}{\Omega} \text{ (ASD)} \qquad (12.73)$$

em que:
R_v = força de resistência ao cisalhamento admissível (nomenclatura própria);
F_{nv} = tensão nominal de ruptura dos parafusos (ver Tab. 12.1);
$\phi = 0{,}75$;
$\Omega = 2{,}0$.

As tensões combinadas de tração com cisalhamento, levando-se em conta o fenômeno do rasgamento (*shearing stress*), são obtidas por:

$$R_n = F'_{nt} A_b \qquad (12.74)$$

sendo

$$F'_{nt} = 1{,}3 F_{nt} - \frac{F_{nt} f_v}{\phi F_{nv}} \leq F_{nt} \text{ (LRFD)} \qquad (12.75)$$

$$F'_{nt} = 1{,}3 F_{nt} - \frac{\Omega F_{nt} f_v}{F_{nv}} \leq F_{nt} \text{ (ASD)} \qquad (12.76)$$

em que:

F'$_{nt}$ = nova tensão de tração resistente;

f_v = tensão calculada de cisalhamento, tomada igual a P_v/A_g;

$\phi = 0{,}75$;

$\Omega = 2{,}0$.

$$f_v = \frac{P_v}{A_g} \leq F_{nv} \qquad (12.77)$$

A verificação quanto ao esmagamento na chapa é feita por:

$$R_b = \phi R_n = \phi(1{,}5L_c t F_u) \leq 3dtF_u \qquad (12.78)$$

em que:

R_b = resistência ao esmagamento admissível.

ASPECTOS DO CÁLCULO DE MALHAS ESPACIAIS

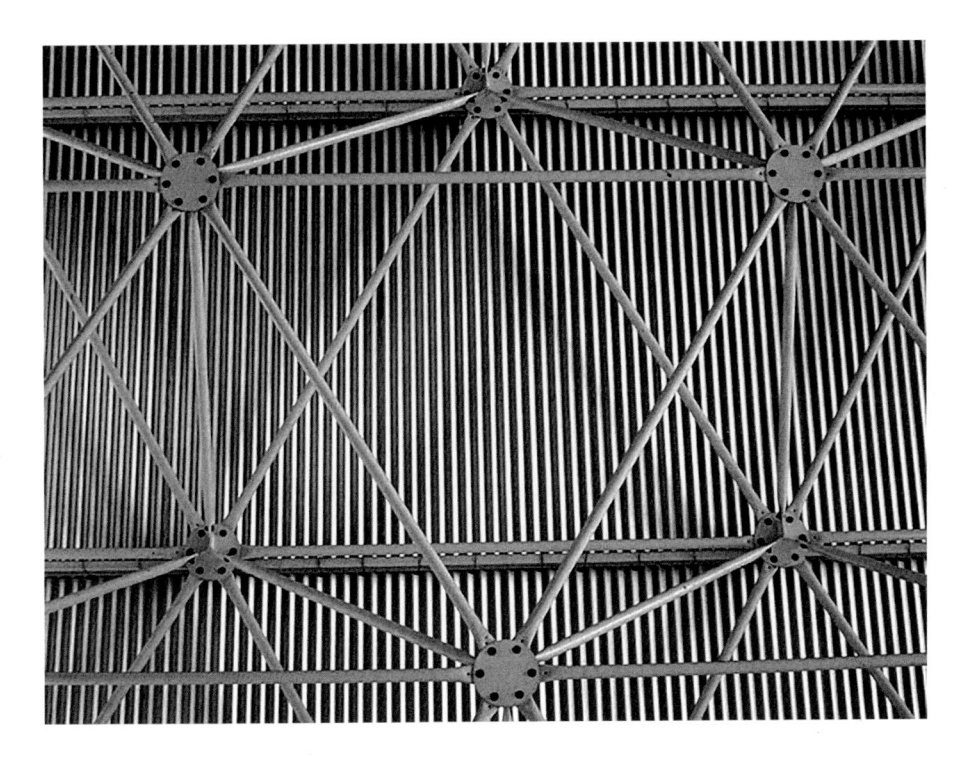

13

Aeroporto Internacional de Fortaleza (CE). Imagem parcial da estrutura do saguão de entrada mostrando, em detalhe, o aspecto da malha espacial do tipo tetraédrica, composta por barras de seção tubular circular em aço patinável pintado e juntas em chapas circulares galvanizadas e pintadas. Execução da SPCOM Construções Metálicas e projeto estrutural do autor. Inauguração no ano de 1998

Neste capítulo, serão feitas várias simulações de análise estrutural e dimensionamento das barras com a finalidade de entender o comportamento das diversas situações geométricas, com comparações no âmbito das tensões e deformações e dos pesos unitários de cada estudo.

Devido às inúmeras possibilidades construtivas, cujas simulações individuais tomariam muito mais espaço do que o pretendido neste livro, e para efeito didático, a atenção ficará voltada somente às malhas espaciais planas.

Todos os cálculos foram executados por *software* especial, o SAP2000, sob o regime de linearidade entre tensões e deformações, com a ação estática dos carregamentos.

Não obstante a atual tendência do uso dos estados-limites, aqui, para maior simplicidade e compreensão, os cálculos e os dimensionamentos das seções serão feitos automaticamente pelo *software* de cálculo usando-se o método das tensões admissíveis pela AISC (1989).

Também, para efeito de maior homogeneidade nos estudos comparativos, serão aplicados unicamente os casos com carregamentos das classes a seguir: permanentes, sobrecargas e vento.

Para o material das estruturas, será empregado o aço A36.

Assim sendo, serão adotadas as seguintes cargas hipotéticas:

- caso 1 – permanentes:
  - peso próprio calculado automaticamente
  - telhas + terças em aço = 7,0 kgf/m²
- caso 2 – sobrecargas:
  - mínima da norma = 25,0 kgf/m²
- caso 3 – vento:
  - pressão negativa (sucção) = 50,0 kgf/m²

Esses carregamentos geram as seguintes combinações, cujos resultados serão aplicados em todos os nós dos banzos superiores da estrutura:

- *combinação 1*: permanentes + sobrecargas;
- *combinação 2*: permanentes + vento.

Quadro 13.1 Nome e cor das seções tubulares

Nome	Cor
TB 50 × 2	Cinza
TB 76 × 2	Laranja
TB 90 × 2	Magenta
TB 100 × 3	Verde
TB 127 × 4,75	Azul

Em todas as análises, serão utilizadas as seções tubulares (diâmetro × espessura) e a codificação de cores indicada no Quadro 13.1.

Serão apresentadas ainda, para as análises estruturais feitas nas seções 13.1 a 13.3, comparações do comportamento das diversas malhas espaciais ali estudadas com o das lajes, nas mesmas condições de carregamento distribuído e de número de pontos de apoio, utilizando-se modelos de elementos finitos de placas (*shells*).

Alguns autores mencionam a possibilidade de usar esse método de comparação, entretanto, salienta-se que ele será empregado com o único objetivo de verificação das tensões máximas e de suas localizações em cada caso.

13.1 Estrutura com quatro apoios simples – um fixo e três móveis

A estrutura ilustrada nas Figs. 13.1 e 13.2 possui as seguintes características:
- *layout* de pilares = 25,0 m × 25,0 m;
- beirais de 1,25 m em todo o contorno;
- modulação da malha = 2,5 m × 2,5 m × 1,25 m, sendo $h = L/20$ → OK;
- área coberta = 27,5 m × 27,5 m = 756,25 m²;
- área de influência do nó = 2,5 m × 2,5 m = 6,25 m²;
- $\alpha = 35,26°$ → OK.

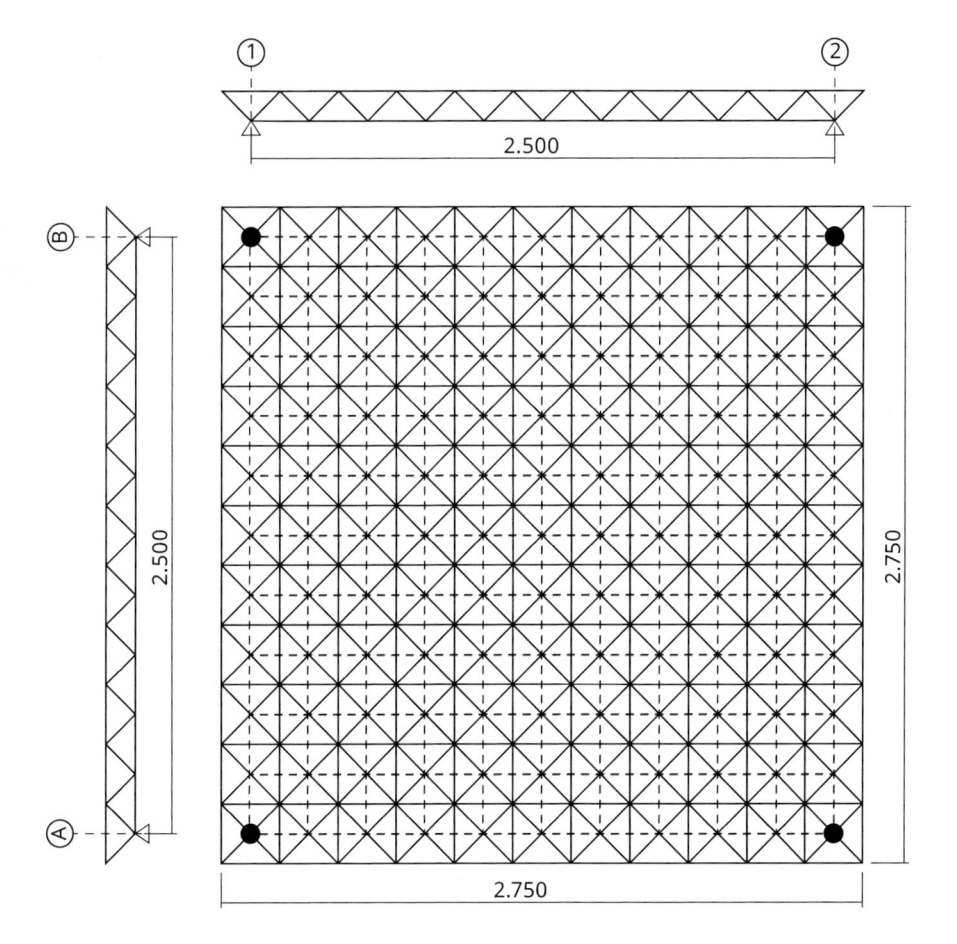

Fig. 13.1 *Malha espacial quadrada de 27,5 m × 27,5 m com layout de pilares de 25,0 m × 25,0 m e modulação piramidal de 2,5 m × 2,5 m × 1,25 m, para estudo comparativo com outras geometrias. Cotas em centímetros*

Fig. 13.2 Layout do dimensionamento de barras com a localização das peças indicando a distribuição das maiores e das menores tensões na estrutura. As linhas em azul e em verde mostram a formação de "vigas" nas respectivas quatro linhas dos apoios. Ali estão as barras mais solicitadas. Desenho gerado automaticamente pelo software de cálculo

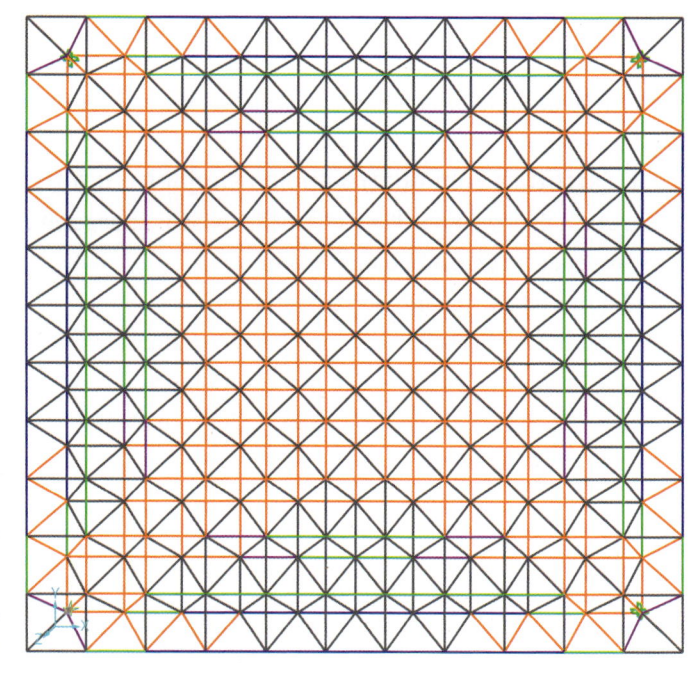

Propriedades adicionais dessa estrutura são listadas na Tab. 13.1.

Tab. 13.1 Lista de materiais por propriedade de seção segundo o SAP2000

Seção (Section)	Tipo de objeto (ObjectType)	Número de peças (NumPieces)	Comprimento total (TotalLength)	Peso total (TotalWeight)
Texto (Text)	Texto (Text)	Sem unidade (Unitless)	cm	kgf
TB 50 × 2	Frame	544	121.799	2.883,2
TB 76 × 2	Frame	284	69.258	2.527,6
TB 90 × 2	Frame	24	5.732	248,8
TB 100 × 3	Frame	64	16.000	1.148,1
TB 127 × 4,75	Frame	52	13.000	1.861,5
Total		968	225.789	8.669,2

A carga típica vertical (no eixo Z) por nó no plano dos banzos superiores será:
- caso 1 – permanentes: $P = 7{,}0 \times 6{,}25 = -43{,}75$ kgf;
- caso 2 – sobrecargas: $P = 25{,}0 \times 6{,}25 = -156{,}25$ kgf;
- caso 3 – vento: $P = 50{,}0 \times 6{,}25 = +312{,}50$ kgf.

Após a análise estrutural, foram obtidos os seguintes valores:
- deformação máxima vertical para o caso 1 = –9,2 cm;
- peso total da estrutura = 8.669 kg;
- taxa de densidade estrutural $\gamma_w = 11{,}46$ kg/m².

A Fig. 13.3 ilustra uma estrutura de concreto para comparação com a malha espacial anterior.

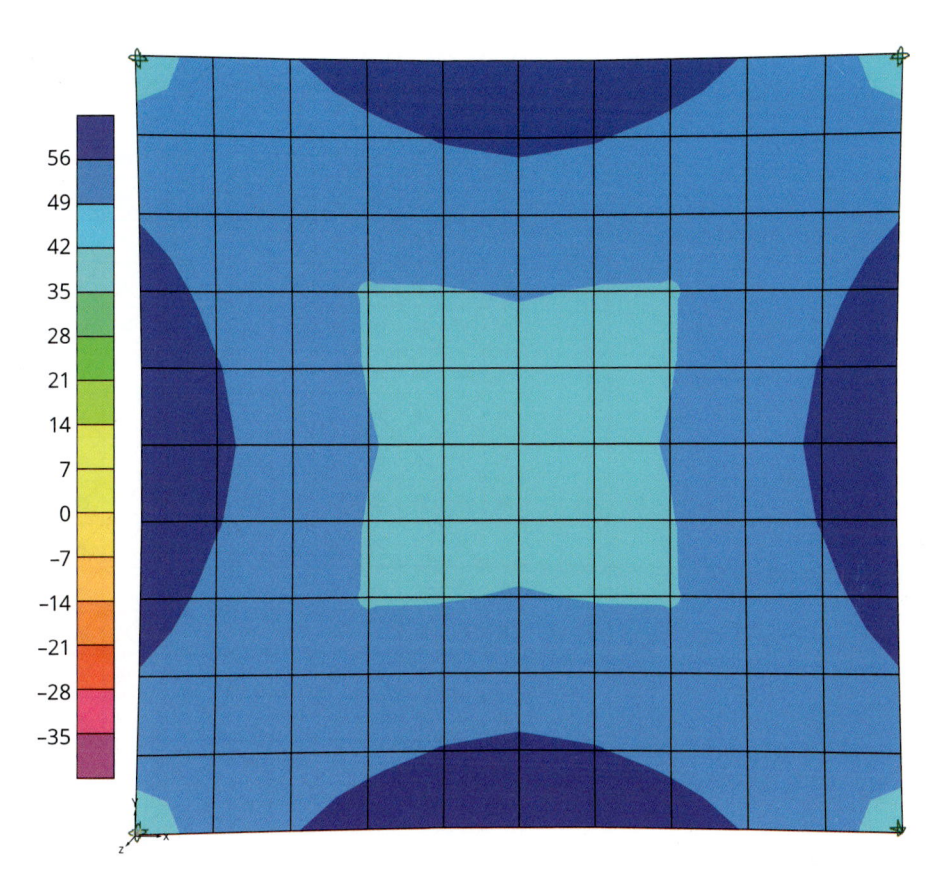

Fig. 13.3 *Mapa das tensões máximas numa laje de concreto sob carregamento uniformemente distribuído e com apoios nos quatro cantos. Vê-se claramente a formação de "vigas" ao longo das direções dos apoios, locais das maiores tensões – em azul mais escuro. A escala mostrada tem a mera função comparativa de valores. Desenho gerado automaticamente pelo software de cálculo*

13.2 Estrutura contínua ao longo do eixo X com oito apoios simples – um fixo e os demais móveis

A estrutura ilustrada nas Figs. 13.4 e 13.5 possui as seguintes características:
- *layout* de pilares = 25,0 m × 25,0 m;
- beirais de 1,25 m em todo o contorno;
- modulação da malha = 2,5 m × 2,5 m × 1,25 m, sendo $h = L/20$ → OK;
- área coberta = 27,5 m × 77,5 m = 2.131,25 m²;
- área de influência do nó = 2,5 × 2,5 = 6,25 m²;
- $\alpha = 35,26°$ → OK.

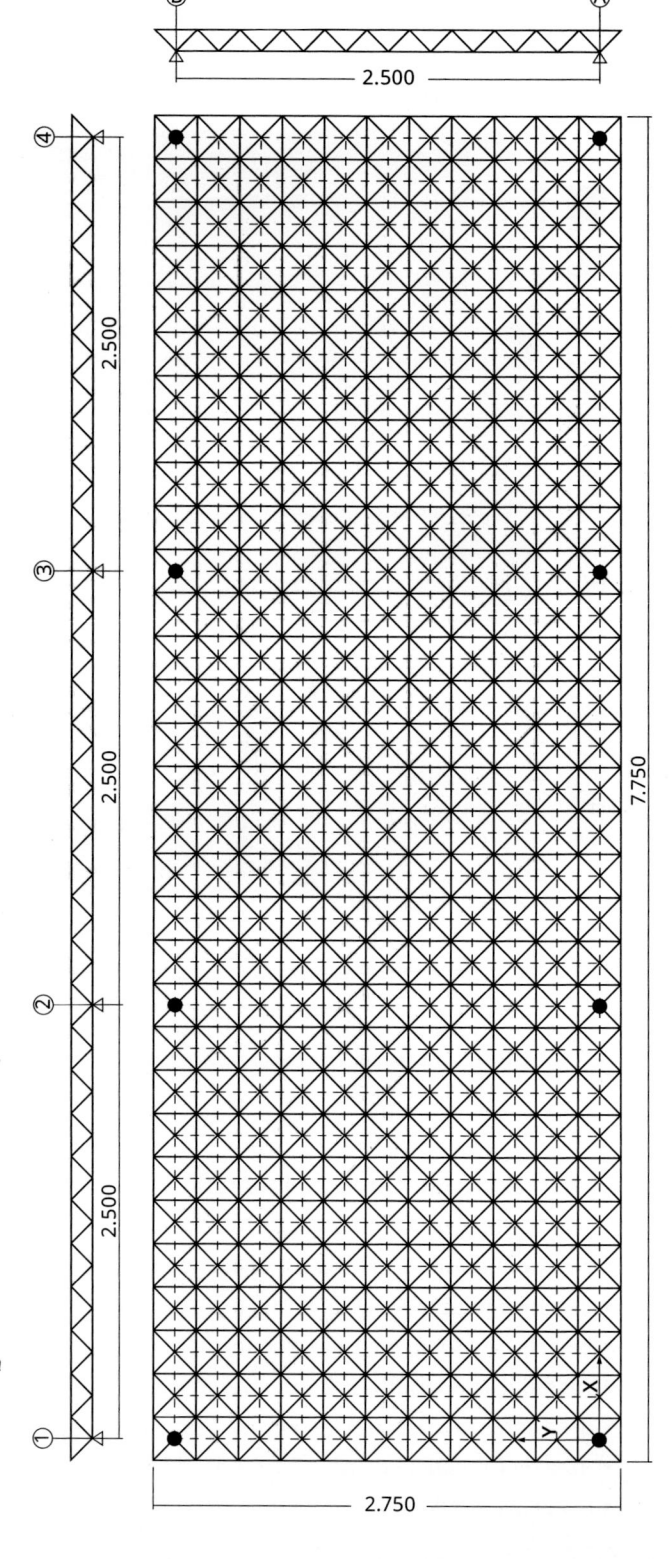

Fig. 13.4 Malha espacial retangular de 77,5 m × 27,5 m com layout de pilares de 25,0 m × 25,0 m e modulação piramidal de 2,5 m × 2,5 m × 1,25 m, para estudo comparativo com outras geometrias. Cotas em centímetros

Aspectos do cálculo de malhas espaciais 149

Fig. 13.5 Layout *do dimensionamento de barras. Analogamente ao modelo anterior, observa-se a localização das peças indicando a distribuição das maiores e das menores tensões na estrutura. As linhas em azul e em verde mostram a formação de "vigas" nas respectivas linhas dos apoios, assinalando as barras mais solicitadas. Nesse caso, devido à continuidade, verifica-se que as tensões nos eixos transversais 1, 2, 3 e 4 se apresentam maiores que nos eixos longitudinais A e B. Desenho gerado automaticamente pelo software de cálculo*

Propriedades adicionais dessa estrutura são listadas na Tab. 13.2.

Tab. 13.2 Lista de materiais por propriedade de seção segundo o SAP2000

Seção (Section)	Tipo de objeto (ObjectType)	Número de peças (NumPieces)	Comprimento total (TotalLength)	Peso total (TotalWeight)
Texto (Text)	Texto (Text)	Sem unidade (Unitless)	cm	kgf
TB 50 × 2	Frame	1.674	379.111	8.974
TB 76 × 2	Frame	706	171.275	6.251
TB 90 × 2	Frame	102	24.964	1.083
TB 100 × 3	Frame	180	44.464	3.191
TB 127 × 4,75	Frame	66	16.500	2.363
Total		2.728	636.314	21.862

As cargas verticais (no eixo Z) por nó, para cada caso, no plano dos banzos superiores serão as mesmas usadas na estrutura anterior.

Após a análise estrutural, foram obtidos os seguintes valores:
- deformações máximas verticais para o caso 1 = –6,12 cm, –6,28 cm e –5,57 cm, respectivamente no eixo 1, no eixo 2 e entre os eixos 2 e 3;
- peso total da estrutura = 21.862 kg;
- taxa de densidade estrutural γ_w = 10,25 kg/m².

A Fig. 13.6 ilustra uma estrutura de concreto para comparação com a malha espacial anterior.

13.3 Estrutura contínua ao longo dos eixos X e Y com 16 apoios simples – um fixo e os demais móveis

A estrutura ilustrada nas Figs. 13.7 e 13.8 possui as seguintes características:
- layout de pilares = 25,0 m × 25,0 m;
- beirais de 1,25 m em todo o contorno;
- modulação da malha = 2,5 m × 2,5 m × 1,25 m, sendo $h = L/20$ → OK;
- área coberta = 77,5 m × 77,5 m = 6.006,25 m²;
- área de influência do nó = 2,5 m × 2,5 m = 6,25 m²;
- α = 35,26° → OK.

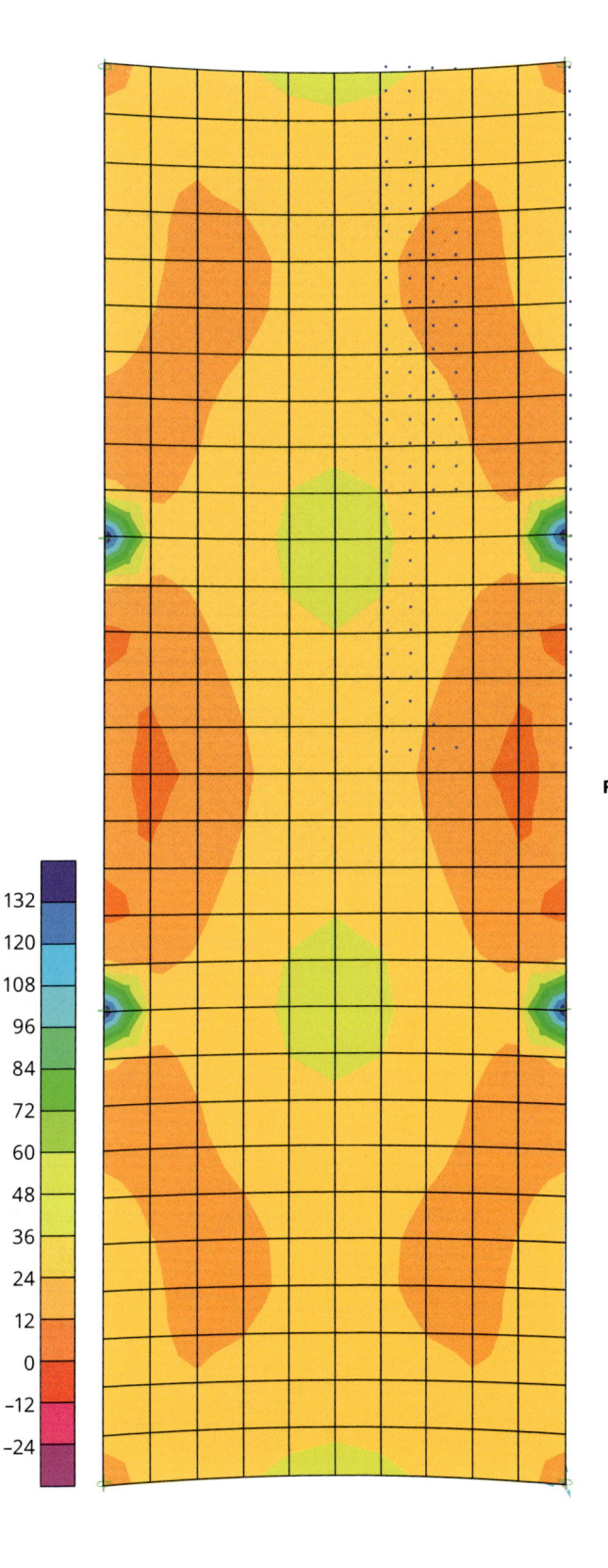

Fig. 13.6 Mapa das tensões máximas numa laje de concreto contínua em uma direção, sob carregamento uniformemente distribuído e com oito apoios nos eixos A e B. Nota-se, mais uma vez, a formação de "vigas" ao longo dos apoios – na cor laranja mais escuro para os eixos A e B e na cor amarela/laranja-claro para os eixos 1 a 4. Entretanto, observa-se que as maiores tensões em valores absolutos estão nos apoios internos – cores verde, azul-clara e azul-escura. Tal fato deve-se aos momentos fletores negativos devidos à continuidade das "vigas" formadas ao longo dos eixos A e B. A escala mostrada tem a mera função comparativa de valores. Desenho gerado automaticamente pelo software de cálculo

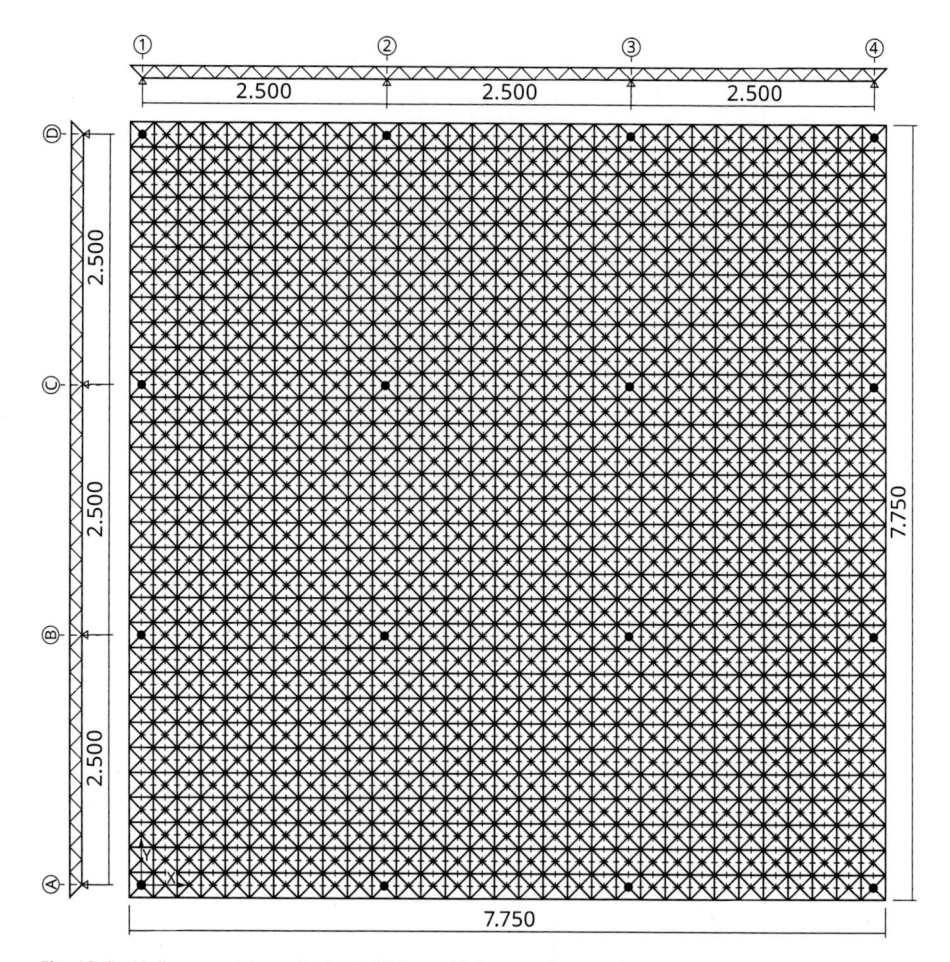

Fig. 13.7 Malha espacial quadrada de 77,5 m × 77,5 m com layout de pilares de 25,0 m × 25,0 m e modulação piramidal de 2,5 m × 2,5 m × 1,25 m, para estudo comparativo com outras geometrias. Nesse exemplo, trata-se de estrutura contínua nas duas direções. Cotas em centímetros

Propriedades adicionais dessa estrutura são listadas na Tab. 13.3.

Tab. 13.3 Lista de materiais por propriedade de seção segundo o SAP2000

Seção (Section)	Tipo de objeto (ObjectType)	Número de peças (NumPieces)	Comprimento total (TotalLength)	Peso total (TotalWeight)
Texto (Text)	Texto (Text)	Sem unidade (Unitless)	cm	kgf
TB 50 × 2	Frame	5.060	1.152.327,365	27.278,09
TB 76 × 2	Frame	2.000	486.200,617	17.743,69
TB 90 × 2	Frame	324	79.794,229	3.462,99
TB 100 × 3	Frame	232	57.464,102	4.123,41
TB 127 × 4,75	Frame	72	17.464,102	2.500,67
Total		7.688	1.793.250,415	55.108,85

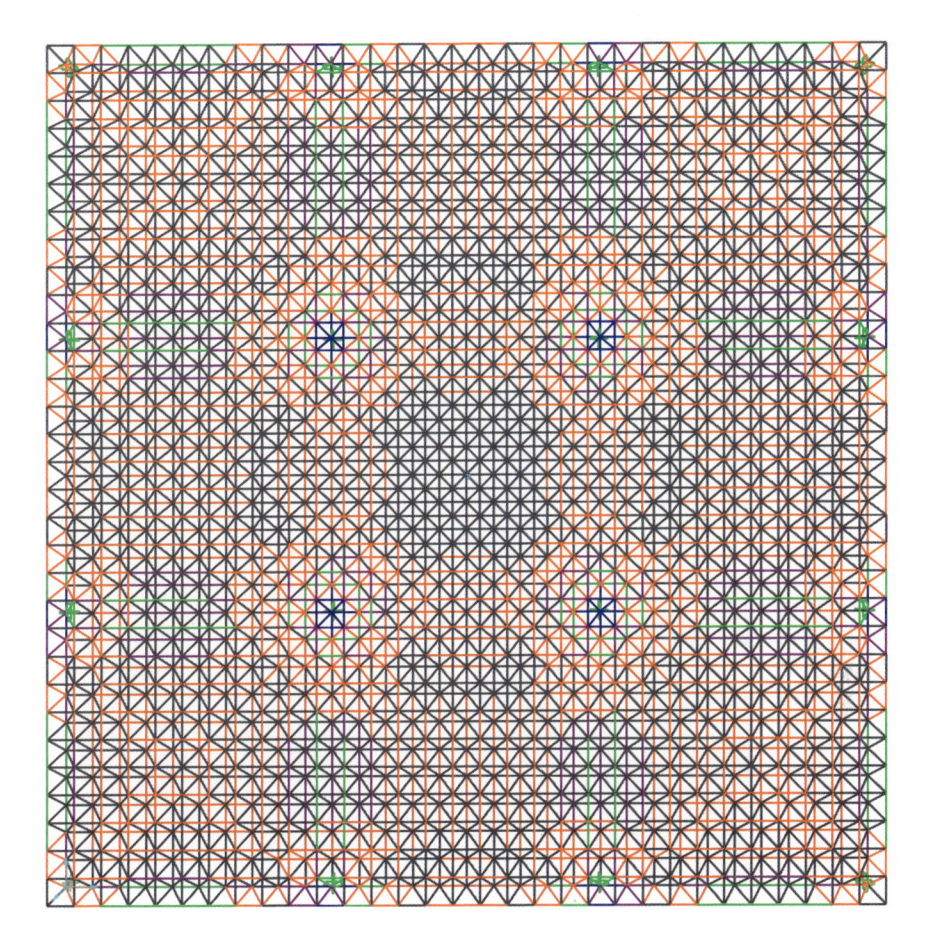

Fig. 13.8 Layout do dimensionamento de barras. Analogamente aos modelos anteriores, observa-se a localização das seções onde aparecem as maiores e as menores tensões na estrutura. As linhas em verde indicam a formação de "vigas" nas respectivas linhas dos apoios, representando as barras mais solicitadas nesses locais. As linhas em azul mostram os locais dos momentos negativos devidos à continuidade estrutural nos dois sentidos principais, cujas tensões alcançam maiores valores que nas "vigas" dos vãos. É interessante mencionar que os esforços nas diagonais caminham a 45° a partir do centro das "lajes", com valores muito próximos a zero, até os apoios, onde atingem seus máximos. Para esse carregamento, as menores tensões de flexão na estrutura se situam na região central do vão central. Desenho gerado automaticamente pelo software de cálculo

As cargas verticais (no eixo Z) por nó, para cada caso, no plano dos banzos superiores serão as mesmas usadas nas estruturas anteriores.

Após a análise estrutural, foram obtidos os seguintes valores:
- deformações máximas verticais para o caso 1:
    - −4,7 cm (eixo 1/entre A e B)
    - −6,8 cm (entre 1 e 2/A e B, centro do primeiro vão)
    - −4,97 cm (eixo 2/entre A e B)
    - −4,18 cm (entre 2 e 3/A e B, centro do segundo vão)

- −0,96 cm (entre 3 e 4/B e C, centro do vão central)
- peso total da estrutura = 55.108 kg;
- taxa de densidade estrutural γ_w = 9,175 kg/m².

A Fig. 13.9 ilustra uma estrutura de concreto para comparação com a malha espacial anterior.

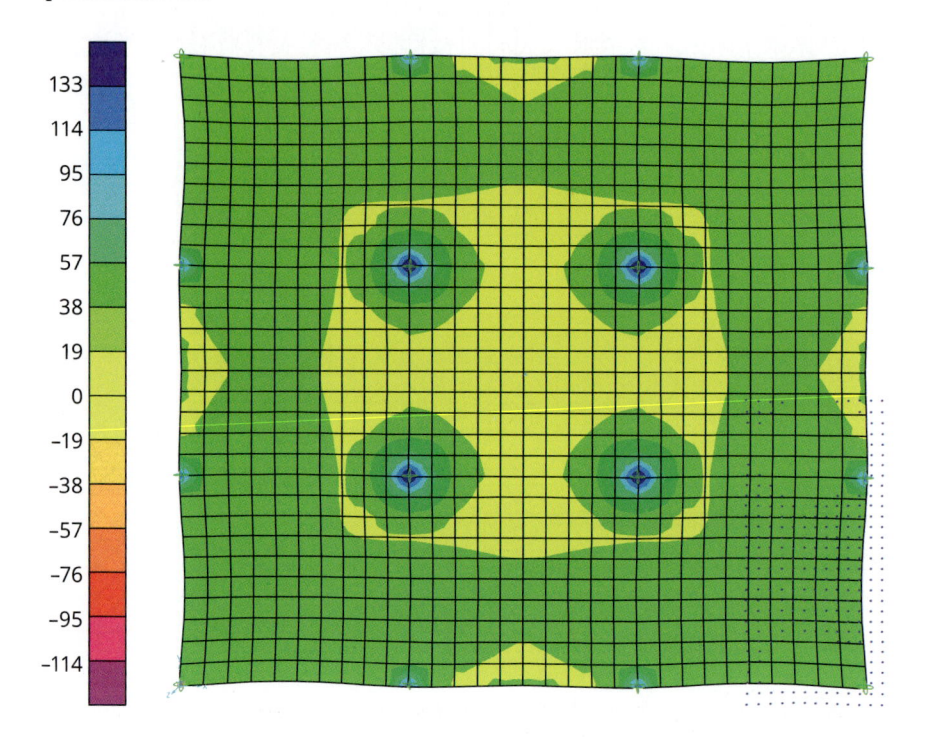

Fig. 13.9 *Mapa das tensões máximas numa laje de concreto contínua nas duas direções, X e Y, com carregamento uniformemente distribuído e 16 apoios nos eixos A, B, C e D e 1, 2, 3 e 4. Aqui também se verificaram tensões maiores nas linhas dos apoios. Entretanto, em virtude da uniformidade da distribuição das tensões, a cor verde representa os maiores valores em "vigas" tanto longitudinais como transversais. A cor amarela significa valores menores. A cor azul-clara, tornando-se escura, informa o local de grandes momentos fletores negativos devidos à continuidade das "vigas", como era de se esperar. A escala mostrada tem a mera função comparativa de valores. Desenho gerado automaticamente pelo software de cálculo*

13.4 Comentários sobre as análises estruturais das seções 13.1 a 13.3

Conforme já mencionado, as malhas espaciais das seções 13.1 a 13.3 mostram uma evolução de estruturas. Inicialmente foi analisada uma estrutura mais simples (Fig. 13.1), com apenas quatro apoios nos quatro cantos, em seguida uma malha espacial contínua em uma direção (Fig. 13.4) e, por fim, uma malha espacial mais complexa (Fig. 13.7), com continuidade nas duas direções principais, X e Y.

Todas essas estruturas apresentam maior concentração de tensões de flexão na região dos alinhamentos de apoios, formando verdadeiras "vigas" de maior rigidez. Nos casos da existência de continuidade (seções 13.2 e 13.3), verificou-se o aparecimento de momentos fletores negativos sobre os apoios. Esse fenômeno contribui significativamente para a diminuição das deformações verticais de modo geral.

As forças nas diagonais, oriundas dos esforços cortantes, desenvolvem-se dos centros dos vãos, com seus valores mínimos, até os apoios, onde atingem seus máximos.

Para um mesmo carregamento unitário e um mesmo vão entre apoios, as deformações variam inversamente à menor ou à maior continuidade da estrutura:
- na seção 13.1, foi obtido $\Delta z_{máx} = -9,2$ cm;
- na seção 13.2, $\Delta z_{máx} = -6,0$ cm (média de valores em vários locais);
- na seção 13.3, $\Delta z_{máx} = -4,3$ cm (média de valores em vários locais).

Portanto, nessas condições, quanto maior for a continuidade da estrutura, menores serão as deformações e, consequentemente, as tensões. Como resultado da diminuição das tensões, há redução no peso dos materiais, tornando a estrutura mais leve e mais econômica:
- na seção 13.1, foi obtido $\gamma_w = 11,46$ kg/m²;
- na seção 13.2, $\gamma_w = 10,25$ kg/m²;
- na seção 13.3, $\gamma_w = 9,175$ kg/m².

Em comparação ao comportamento das lajes em concreto armado, por exemplo, pode-se verificar que o das malhas espaciais é semelhante. O aparecimento dos maiores esforços de flexão no alinhamento dos apoios, formando as "vigas" mencionadas, nada mais é do que a representação da armação mais densa na semelhante laje. Assim sendo, nas Figs. 13.3, 13.6 e 13.9 são mostrados os respectivos mapas de tensões atuantes em lajes em concreto nas diversas condições de continuidade.

O estudo de malhas espaciais por analogia a lajes semelhantes com o uso de elementos de placa (shells) pode ser feito para que se tenha uma demonstração visual dos locais de maiores e menores tensões e de como elas estão distribuídas ao longo da estrutura. Essa ferramenta, de rápida execução, pode prover o analista estrutural das necessárias informações para o estudo de alternativas ou mudanças radicais na forma geométrica ou na quantidade e disposição dos pontos de apoio. Entretanto, nenhum pré-dimensionamento de seções estruturais das barras metálicas pode advir desse estudo, uma vez que é de grande dificuldade o cálculo de seções e rigidezes equivalentes entre os dois materiais.

13.5 Malha espacial com braços de suporte para pé-direito de 4,5 m e distâncias entre apoios fixos um pouco menores

A estrutura ilustrada nas Figs. 13.10 e 13.11, de mesma geometria que aquela da seção 13.1, possui as seguintes características:

- *layout* de pilares = 22,5 m × 22,5 m;
- beirais de 1,25 m em todo o contorno;
- modulação da malha = 2,5 m × 2,5 m × 1,25 m, sendo $h = L/18$ → OK;
- área coberta = 27,5 m × 27,5 m = 756,25 m²;
- área de influência do nó = 2,5 m × 2,5 m = 6,25 m²;
- $\alpha = 35{,}26°$ → OK.

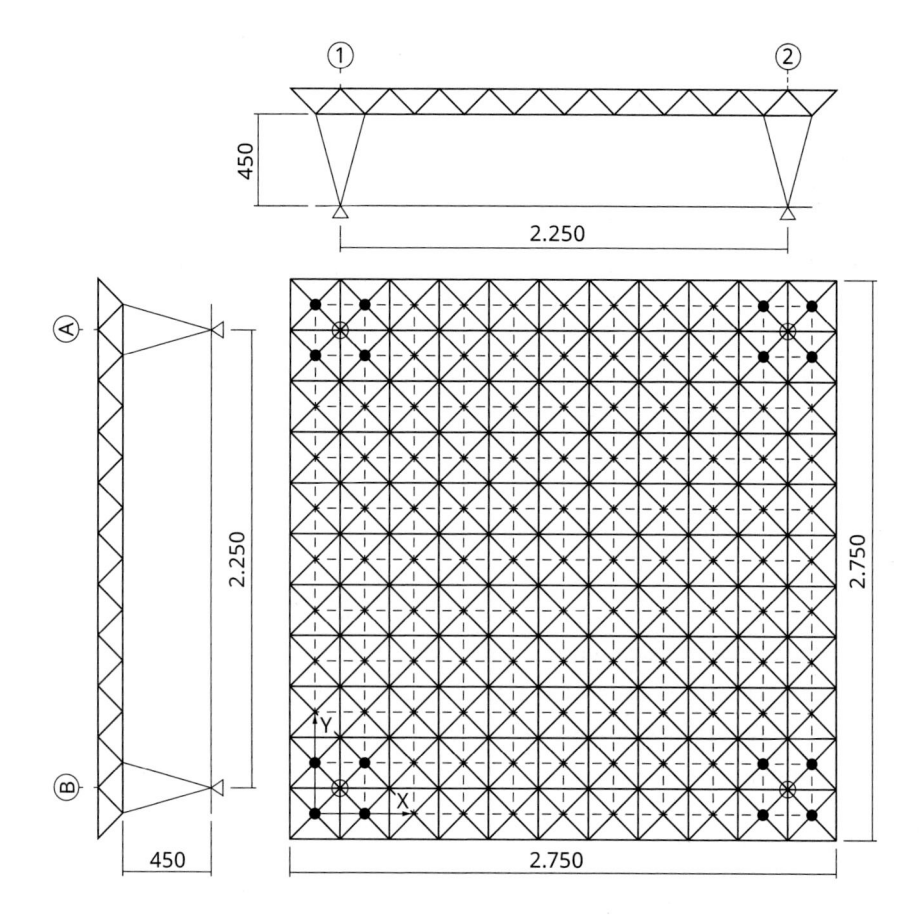

Fig. 13.10 *Malha espacial quadrada de 27,5 m × 27,5 m com layout de apoios fixos de 22,5 m × 22,5 m e modulação piramidal de 2,5 m × 2,5 m × 1,25 m, com adição de braços de suporte para pé-direito de 4,5 m, para estudo comparativo com a geometria apresentada na seção 13.1. Cotas em centímetros*

Propriedades adicionais dessa estrutura são listadas na Tab. 13.4.

Tab. 13.4 Lista de materiais por propriedade de seção segundo o SAP2000

Seção (Section)	Tipo de objeto (ObjectType)	Número de peças (NumPieces)	Comprimento total (TotalLength)	Peso total (TotalWeight)
Texto (Text)	Texto (Text)	Sem unidade (Unitless)	cm	kgf
TB 50 × 2	Frame	696	158.727	3.757
TB 76 × 2	Frame	276	70.064	2.557
TB 90 × 2	Frame	8	2.800	122
TB 127 × 4,75	Frame	4	1.934	277
Total		984	233.525	6.713

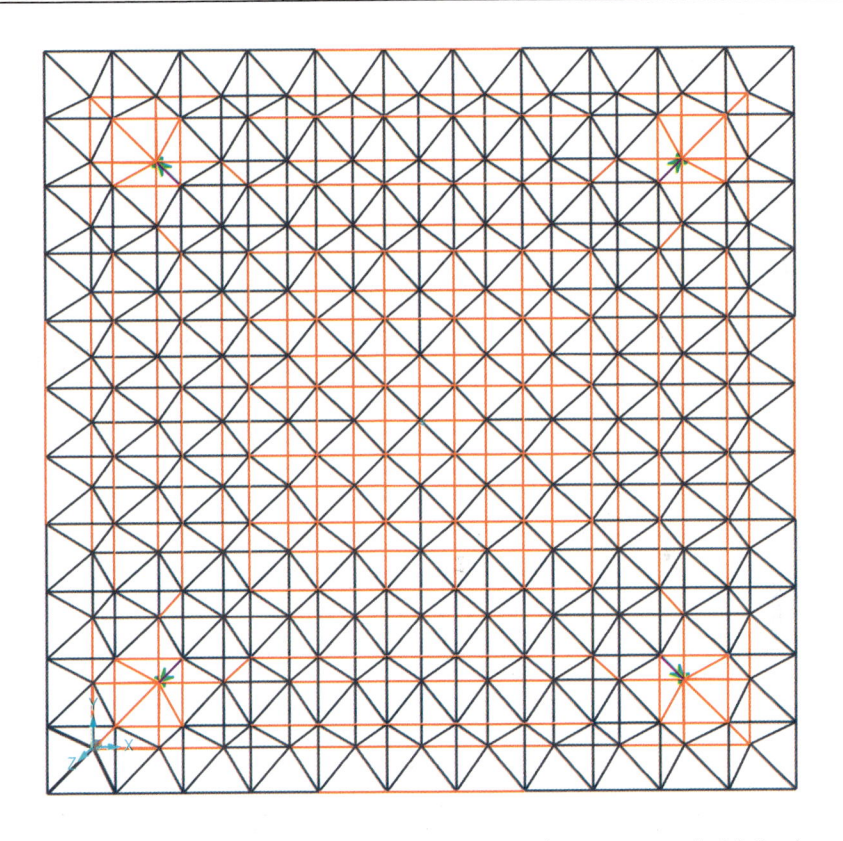

Fig. 13.11 Layout *do dimensionamento de barras. Nessa concepção, nota-se a queda drástica das tensões, cuja representação gráfica nesta figura indica a necessidade de apenas dois tipos de seção tubular. Os braços, aqui não indicados, foram dimensionados com tubos de ϕ127 mm. As "vigas" ainda se manifestam ao longo das linhas dos apoios, porém com esforços solicitantes bem menores que no modelo da seção 13.1. Desenho gerado automaticamente pelo* software *de cálculo*

As cargas verticais (no eixo Z) por nó, para cada caso, no plano dos banzos superiores serão as mesmas usadas nas estruturas anteriores.

Após a análise estrutural, foram obtidos os seguintes resultados:
- deformações máximas verticais $\Delta z_{máx}$ para o caso 1 = –3,68 cm no centro do vão;
- peso total da estrutura = 6.713 kg;
- taxa de densidade estrutural γ_w = 8,87 kg/m².

Cabe comentar que, com o acréscimo de mais 16 peças como braços de suporte, a nova concepção apresentada nesta seção se mostra muito mais estável do que o modelo antecessor, com reduções drásticas em deformações e tensões.

O gráfico da Fig. 13.11 demonstra uma distribuição de tensões mais uniforme, com valores absolutos bem inferiores aos do modelo anterior. Essa uniformidade traz grande vantagem no sistema produtivo, pois apenas duas seções estruturais são necessárias para o dimensionamento geral: tubos de ϕ50 mm e ϕ76 mm. Nesse caso, não foram considerados os braços propriamente ditos, mas, mesmo com o acréscimo deles, o peso geral da estrutura ficou menor do que o anterior.

Alguns dados estatísticos notáveis são a redução nas deformações máximas em 60% e a redução no peso global em 22,5%.

É possível concluir que, em se tratando de modelos geométricos de coberturas semelhantes entre si, aqueles que utilizam braços de suporte podem apresentar melhor desempenho estrutural e econômico. Essa vantagem se estende também para outros modelos que tenham apoios contínuos em uma ou duas direções ortogonais.

13.6 Malha espacial sem banzos inferiores e respectivas diagonais

A estrutura ilustrada nas Figs. 13.12 e 13.13 tem mesma geometria que aquela da seção 13.5, exceto pela retirada estratégica de banzos inferiores e respectivas diagonais, num total de 72 peças. As demais características permanecem, inclusive os carregamentos, pois os banzos superiores não foram mexidos.

Propriedades adicionais dessa estrutura são listadas na Tab. 13.5.

Tab. 13.5 Lista de materiais por propriedade de seção segundo o SAP2000

Seção (Section)	Tipo de objeto (ObjectType)	Número de peças (NumPieces)	Comprimento total (TotalLength)	Peso total (TotalWeight)
Texto (Text)	Texto (Text)	Sem unidade (Unitless)	cm	kgf
TB 50 x 2	Frame	636	145.201	3.437
TB 76 x 2	Frame	264	66.796	2.438
TB 90 x 2	Frame	8	2.800	122
TB 127 x 4,75	Frame	4	1.934	277
Totais		912	216.731	6.274

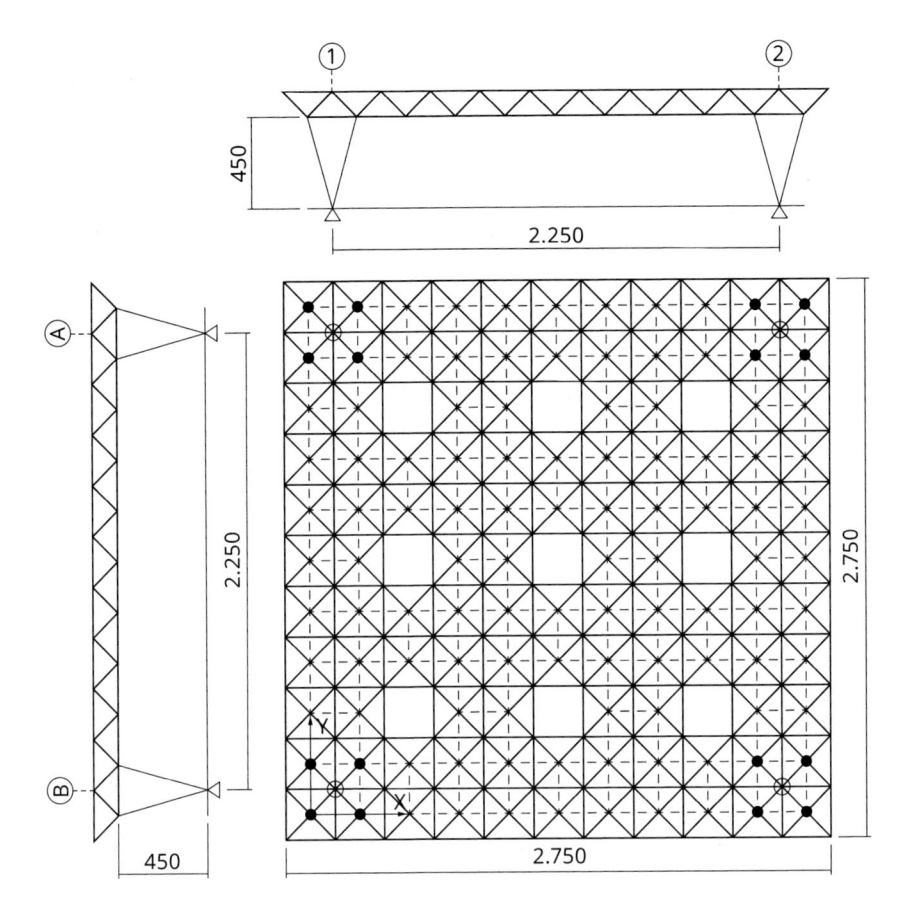

Fig. 13.12 Malha espacial com a retirada estratégica de banzos inferiores e respectivas diagonais, num total de 72 peças, para estudo comparativo com a geometria apresentada na seção 13.5. Cotas em centímetros

Nessa nova situação, foram obtidos os seguintes resultados:

- deformações máximas verticais $\Delta z_{máx}$ para o caso 1 = –4,12 cm no centro do vão, significando L/546 → OK;
- peso total da estrutura = 6.273 kg;
- taxa de densidade estrutural γ_w = 8,29 kg/m².

Comentário:

Ao comparar o modelo atual com o anterior, verifica-se que a ausência das 72 peças causou pouca influência na estabilidade geral da estrutura. Por outro lado, tal procedimento ensejou uma economia adicional de material, bem como a diminuição do esforço industrial produtivo. Houve a redução complementar no peso de aproximadamente 6,6% e a diminuição no número de barras em 7,3%.

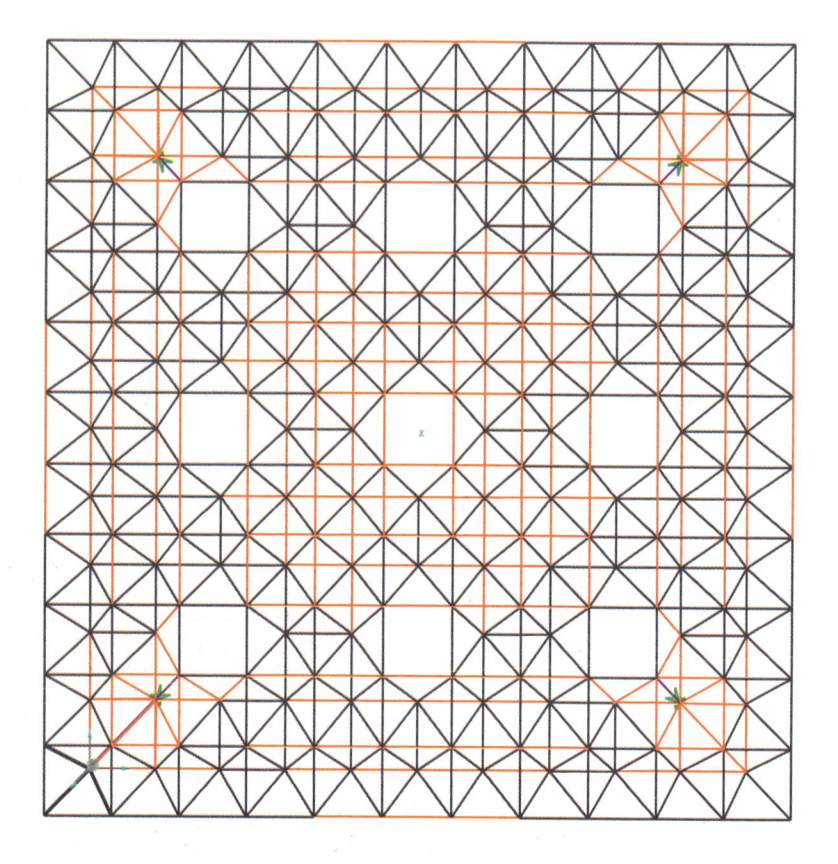

Fig. 13.13 Layout *do dimensionamento de barras. Em comparação ao modelo anterior, não se veem grandes diferenças, exceto pela ausência das barras retiradas, que se mostraram redundantes, com mera função estética. A grande vantagem dessa geometria é a redução de peso da estrutura. Desenho gerado automaticamente pelo* software *de cálculo*

É muito importante salientar que o estudo do comportamento da estrutura por adição ou troca de locais ou modos de suporte, como a colocação de braços ou a retirada de barras redundantes, deve ser realizado sempre que possível, visando encontrar soluções que façam "mais com menos".

No caso do estudo de malhas espaciais em modelos alternativos, é preciso empregar técnicas e ferramentas especiais de projeto, ter experiência na arte e realizar planejamento estratégico para alcançar a otimização do peso mínimo.

14
ANCORAGENS COM CHUMBADORES E *INSERTS*

Ginásio de esportes do Sesi em Maceió (AL). Projetada pelo profissionalíssimo arquiteto Sergio Teperman e composta por perfis tubulares em alumínio, essa importante estrutura espacial conta com área coberta de 3.440 m² e capacidade para 6.500 pessoas em eventos esportivos. O complexo é dotado de toda uma infraestrutura para funcionamento em diversas situações, sendo um dos principais pontos de referência de Alagoas para a realização de eventos em diversos formatos, como casamentos, feiras empresariais, recepções e bailes de formatura. Execução da Esmel Indústria de Estruturas Mecânicas e projeto estrutural do autor. Inauguração no ano de 1990

É genericamente chamado de *ancoragem* o conjunto das peças que servem para conectar o aparelho de apoio da estrutura metálica ao substrato da infraestrutura de suporte – o concreto armado –, transferindo-lhe os respectivos esforços reativos.

Tais esforços, decompostos em forças horizontais, forças verticais e rotações (momentos), representam o modo como a dita estrutura está ligada a seu substrato.

As ancoragens imersas em concreto armado, sempre que possível, devem receber ferragem adicional (ferros transversais ou estribos) de forma a aumentar o grau de interação entre chumbadores e armação da fundação.

14.1 Chumbadores

São barras de aço com grande parte de seu comprimento imerso no concreto armado (Fig. 14.1). São confeccionadas a partir de vergalhões redondos e têm na extremidade externa uma rosca e, na interna, atributos mecânicos de aumento de ancoragem.

Fig. 14.1 *Chumbadores imersos na fundação em concreto armado*

Alternativamente, há sistemas de ancoragem em que são empregados chumbadores cuja fixação ao concreto se dá por reação química de adesão (colagem estrutural), chamados também de chumbadores químicos, ou por atrito de ponta embutida, conhecidos como *parabolts*.

Na Fig. 14.2 são ilustrados alguns tipos de chumbador. O comprimento de embutimento dentro do concreto no caso da Fig. 14.2A é calculado pelas prescrições da NBR 6118 (ABNT, 2014). Para os chumbadores retos (Fig. 14.2B,C), esses valores são determinados por ensaio. Algumas empresas de engenharia possuem suas próprias tabelas de ancoragem. O tipo *parabolt* (Fig. 14.2D) tem seu comprimento de embutimento dado em tabelas fornecidas por cada fabricante.

Com a garantia da correta ancoragem do chumbador dentro do concreto, seu dimensionamento se dará por equações equivalentes às dos parafusos. Normalmente o chumbador é solicitado criticamente por cargas combinadas de tração e cisalhamento.

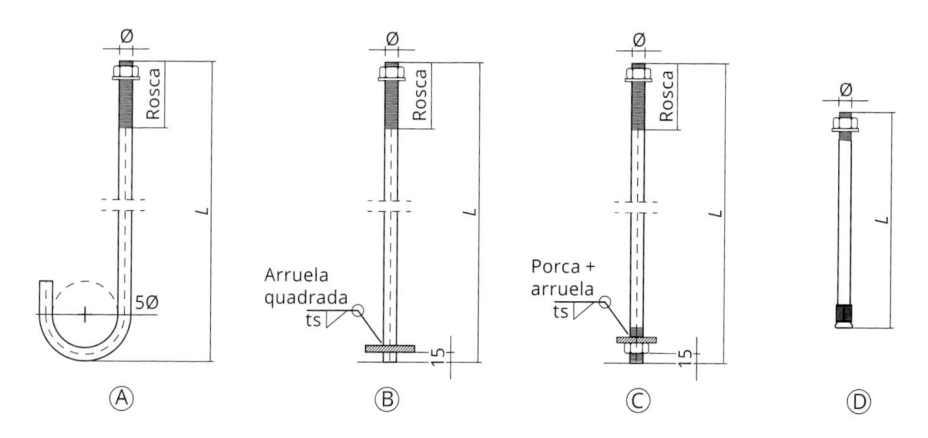

Fig. 14.2 *(A) Chumbador tipo "J", (B) chumbador reto com arruela quadrada soldada, (C) chumbador reto com porca e arruela circular e (D) chumbador tipo parabolt*

14.2 Inserts

São placas metálicas que afloram à superfície da fundação ou de outro elemento em concreto armado. Cada placa tem, em sua face inferior, chumbadores a ela previamente fixados por solda (Fig. 14.3). Após a cura completa do concreto, o *insert* estará pronto para receber a fixação do respectivo apoio por solda.

Esse tipo de ancoragem libera a concretagem das fundações sem a necessidade de esperar a chegada de chumbadores convencionais à obra, além de aumentar o grau de liberdade dimensional do construtor, pois permite a acomodação de erros maiores na locação das fundações. Em alguns casos, resolve problemas de posicionamento e montagem.

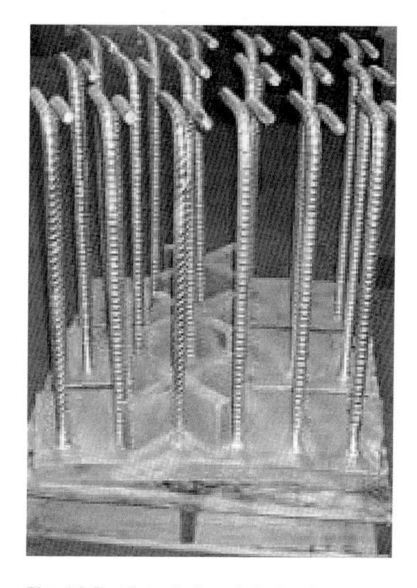

Fig. 14.3 *Vista da face inferior de uma placa insert*

ASPECTOS DA MONTAGEM DE MALHAS ESPACIAIS

15

Ginásio Poliesportivo de Manaus (AM). Estrutura espacial projetada em perfis tubulares e nós tipo cruzeta em aço com acabamento em pintura de alta qualidade. É um dos maiores ginásios da região Norte do País, com capacidade para dez mil pessoas. Execução da Metal Arte Estruturas Metálicas, com consultoria técnica do projeto e acompanhamento da fabricação e da montagem do autor. Inauguração no ano de 2006

Da mesma forma que qualquer etapa da construção civil, em qualquer especialidade construtiva, a montagem de estruturas espaciais planas ou geodésicas deve obedecer aos preceitos e às normas vigentes. Cuidados especiais devem ser tomados quanto a correta locação e níveis dos pilares ou dos demais pontos de apoio; estado das peças de ancoragem; condições do canteiro no entorno da obra;

fornecimento de energia elétrica e estado do solo ou do piso dentro do local onde serão desenvolvidos os trabalhos; verificação de local adequado para estocagem de todas as peças e equipamentos que serão utilizados na montagem; e outras providências acertadas na fase de planejamento.

Devido a sua grande flexibilidade construtiva, as estruturas em malhas espaciais podem ser montadas em campo de diversas maneiras, sendo uma delas ilustrada na Fig. 15.1. Tais procedimentos de montagem dependem outrossim da disposição geométrica e da existência ou não de paredes de fechamento ou divisórias que compõem a arquitetura da edificação. Em locais cujos vãos se apresentam livres e desimpedidos, deve-se utilizar logística diferenciada daquela com obstáculos internos. Desse modo, o grau de dificuldade de montagem de uma estrutura espacial varia de acordo com a obra, indicando qual estratégia deve ser empregada para cada caso.

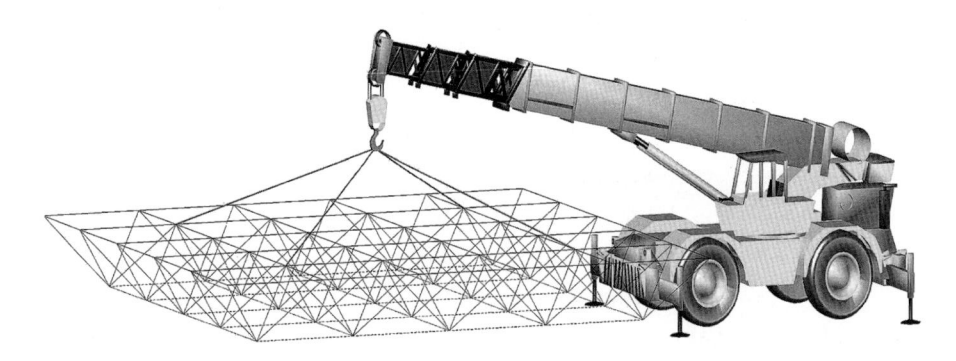

Fig. 15.1 Esquema de montagem de uma estrutura espacial com guindaste

Por outro lado, as estruturas espaciais geodésicas, quer de casca simples, quer sobretudo de casca dupla, possuem intrinsecamente grande estabilidade construtiva quando sua montagem parte da base. Verticalmente, de baixo para cima e com escoramento apenas em poucos pontos periféricos, adquire-se estabilidade cada vez maior quando do fechamento de cada "anel" para cada nível, e assim por diante até o fechamento final do cume (Fig. 15.2).

15.1 Montagem de estrutura com o local da obra totalmente desimpedido

A situação ideal de montagem de uma malha espacial plana é aquela cujo local da obra encontra-se totalmente desimpedido, com terreno firme e nivelado, piso morto já executado e pilares que servirão de apoio já concretados e liberados para receber as respectivas cargas.

Fig. 15.2 *Montagem de uma geodésica de casca simples*

Nesse caso, a primeira operação é a pré-montagem dos banzos e das diagonais no solo, com a colocação de cada banzo, diagonal e juntas em suas respectivas posições em conformidade com o desenho de montagem fornecido pelo projeto, seguida pelo aperto geral dos parafusos.

Em seguida, procede-se ao içamento mecânico da estrutura em módulos ou de forma completa, dependendo da capacidade do equipamento, até o nível final. Esse içamento pode ser feito por torres internas ou por guindaste posicionado na periferia, que permanece até que a estrutura seja parcialmente escorada ou seus suportes (apoios) sejam colocados em definitivo. Logo depois, ocorre a fixação dos apoios nos respectivos suportes e o escoramento parcial da estrutura em pontos estratégicos até a verificação ou o reaperto dos parafusos das juntas e a liberação da montagem final.

Os acessórios da cobertura são então colocados e os escoramentos são retirados, com a liberação final da estrutura. Nesse ponto, a estrutura está pronta para receber o telhamento da cobertura, cuja instalação pode ser feita por outra equipe especializada.

15.2 Montagem de estrutura com o local da obra dividido por paredes

15.2.1 Primeira alternativa de montagem

No caso de o local da obra ter paredes dividindo os vários ambientes, não é possível efetuar a pré-montagem interna da estrutura. Sendo assim, realiza-se a pré-montagem externa dos módulos, cujos pesos não devem exceder a capacidade do guindaste em campo, seguida pelo aperto dos parafusos das ligações.

Cada módulo é içado e parcialmente fixado nos respectivos pilares, e é providenciado o escoramento dos vãos internos da estrutura. Após vários módulos contínuos estarem em suas posições, montam-se as peças de ligação entre eles com a colocação de banzos e diagonais pertencentes a módulos adjacentes e finalizam-se os apoios em cada pilar.

Por fim, é feita a colocação dos acessórios da cobertura, a retirada dos escoramentos e a liberação final da estrutura.

15.2.2 Segunda alternativa de montagem

Nessa alternativa, um pouco mais demorada, a montagem começa com a colocação de plataformas de andaimes, as quais também são escoramentos, ao nível do banzo inferior da estrutura em locais estrategicamente preestabelecidos (Fig. 15.3).

Fig. 15.3 *Montagem de uma malha espacial tetraédrica com torres de andaimes*

Os banzos inferiores, as diagonais e os banzos superiores são montados em todas essas regiões até que alcancem os apoios. Além disso, todos os banzos e diagonais de ligação são colocados entre essas regiões até que a malha esteja completa.

Na sequência, são fixados todos os consoles, terças e acessórios da cobertura, verificados ou reapertados todos os parafusos e retirados os escoramentos, com a liberação da estrutura para a colocação das telhas.

DETALHES CONSTRUTIVOS 16

Estádio Municipal José Luís Correa, em Bacabal (MA). Cobertura de arquibancadas e demais dependências na forma de estrutura espacial em alumínio com pintura eletrostática. Execução da Esmel Indústria de Estruturas Mecânicas e projeto estrutural do autor. Inauguração no ano de 1990

Nas Figs. 16.1 a 16.8 apresentam-se alguns dos detalhes construtivos mais importantes das estruturas espaciais planas, que são as mais utilizadas.

Uma estrutura espacial plana de modulação piramidal de base quadrada medindo 3,00 m × 3,00 m × 2,50 m é ilustrada na Fig. 16.1. O fechamento ou fachada vertical é composto por uma viga de platibanda fabricada em módulos de também 3,00 m, apoiada em cada junta do banzo superior e travada por um perfil fixado no nível dos banzos inferiores. Nessa viga, serão fixadas as telhas da fachada usando-se rebites tipo POP ou parafusos autobrocantes.

O detalhe 1 (Fig. 16.2) mostra uma calha típica de estruturas espaciais, projetada com enrijecedores nas bordas para trabalhar solta, entre terças, com inclinação de 0,5% garantida pelos reguladores colocados a cada 50 cm.

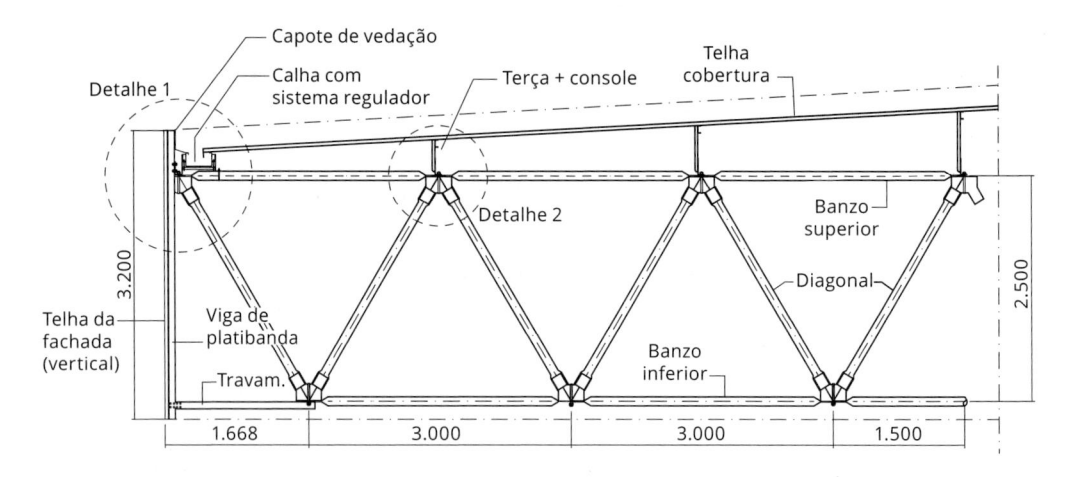

Fig. 16.1 *Vista parcial de uma estrutura espacial plana onde se privilegiou o acabamento junto à fachada vertical*

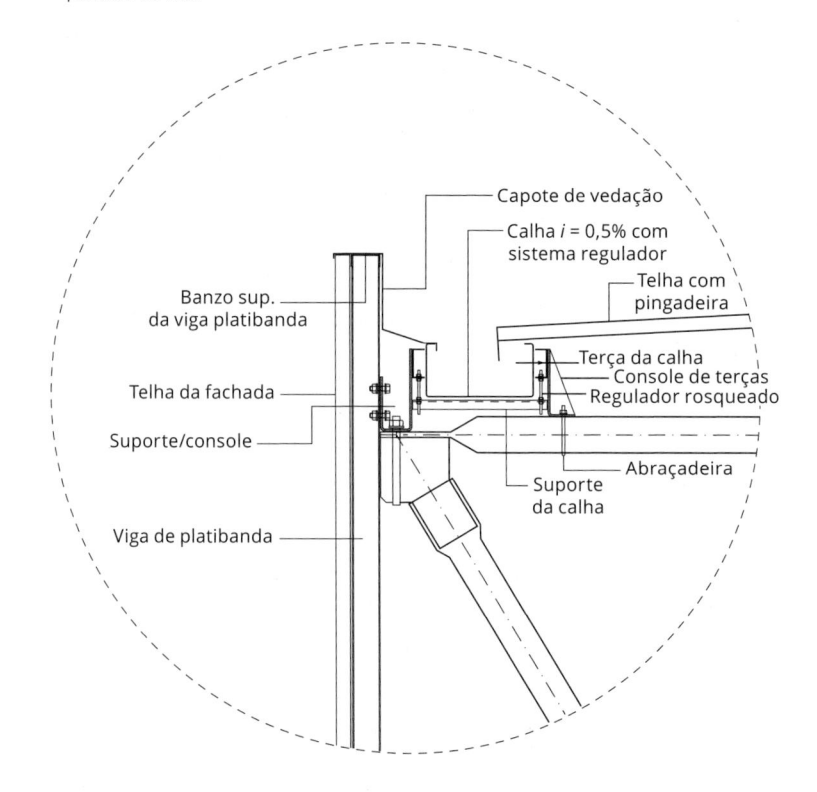

Fig. 16.2 *Detalhe 1: vista ampliada da região da calha e das fixações, bem como de uma das extremidades da viga de platibanda*

Detalhes construtivos 171

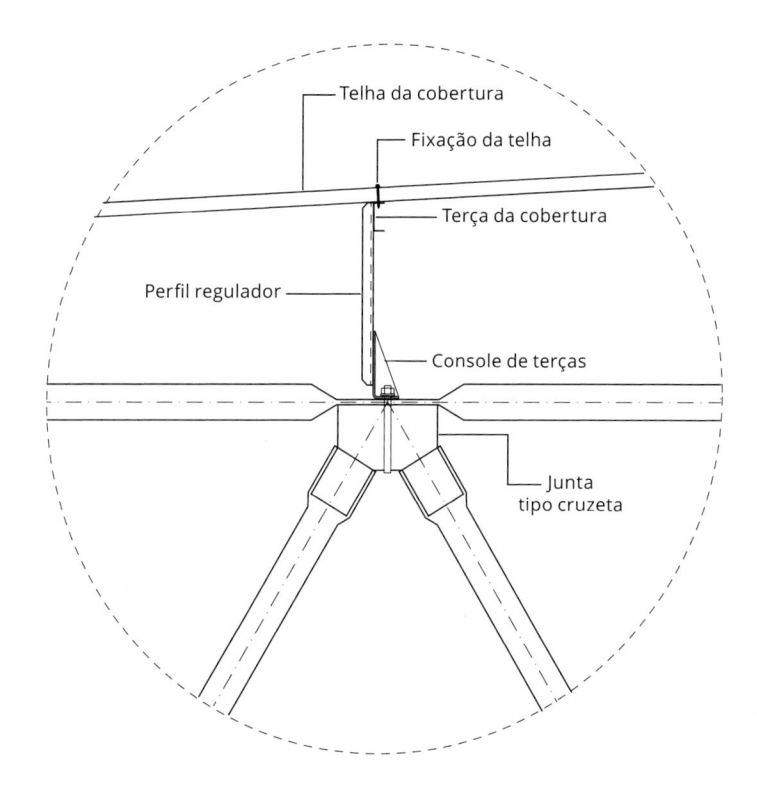

Fig. 16.3 *Detalhe 2: vista ampliada de uma terça da cobertura e sua fixação*

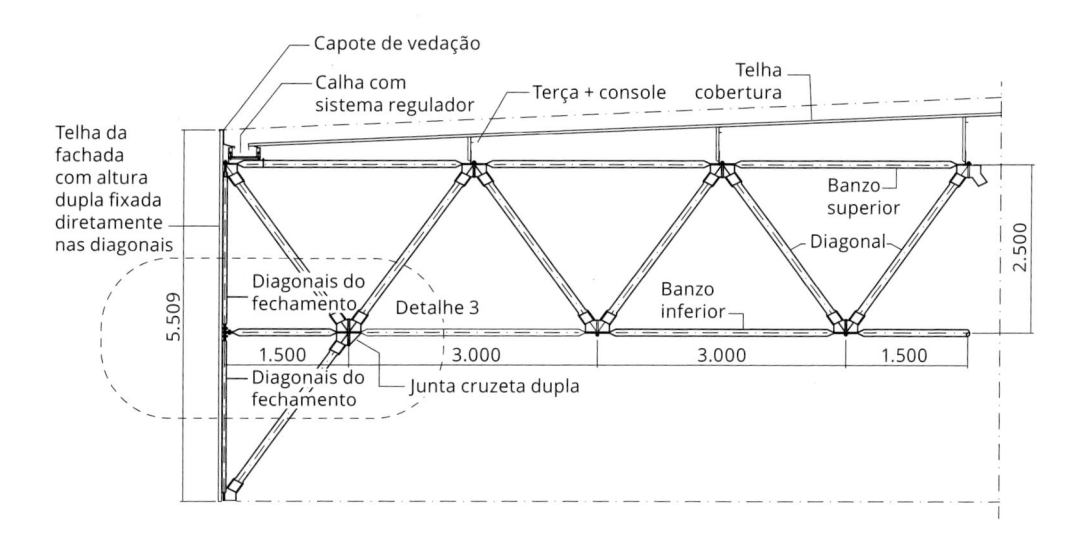

Fig. 16.4 *Vista parcial de uma estrutura espacial plana cuja fachada teve sua altura duplicada*

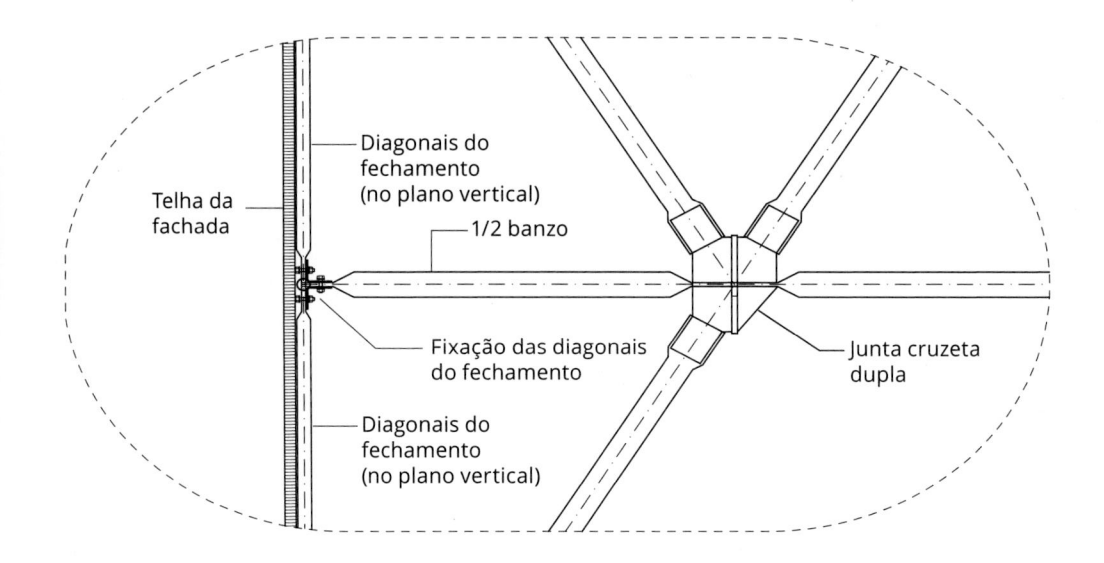

Fig. 16.5 Detalhe 3: esquema de fixação da fachada vertical duplicada. As telhas são fixadas diretamente nas diagonais de fachada, que são colocadas no plano vertical e, juntamente com os banzos longitudinais, substituem a viga de platibanda. O meio banzo inferior serve de travamento geral da fachada

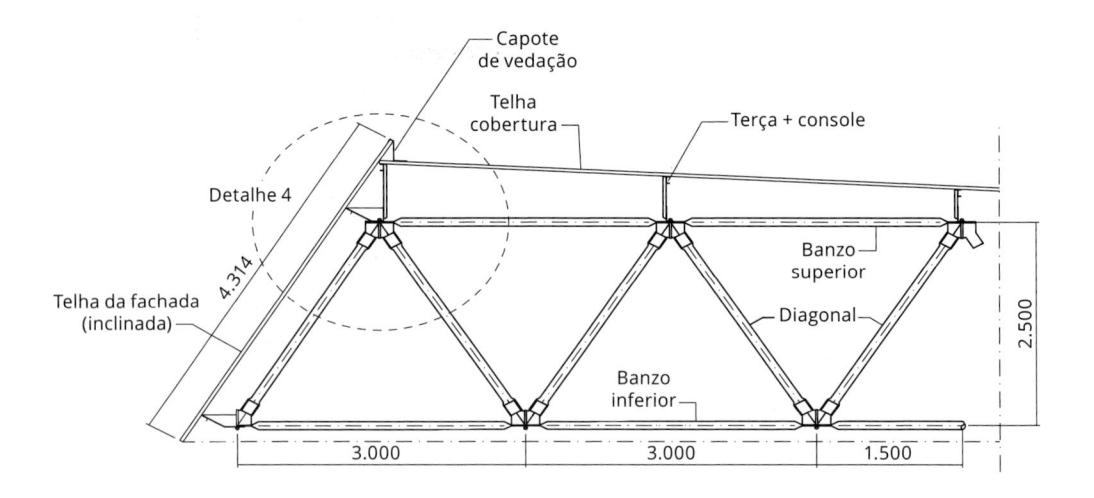

Fig. 16.6 Vista parcial de uma estrutura espacial plana em que não há calha, e sim cumeeira extrema. A fachada está inclinada paralelamente às diagonais. A fixação das telhas da fachada se faz através das terças de fachada, que por sua vez são fixadas à estrutura por suportes especiais

É importante lembrar que, para um bom acabamento e estanqueidade do telhado, recomenda-se o uso do capote de vedação ao longo de todas as fachadas.

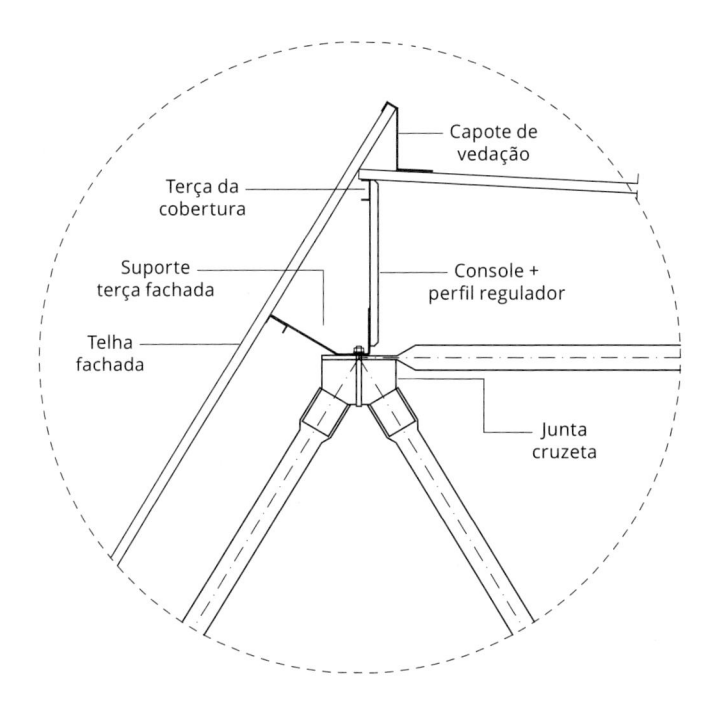

Fig. 16.7 Detalhe 4: esquema de fixação da fachada inclinada. As telhas são fixadas nas terças de fachada (ou fechamento)

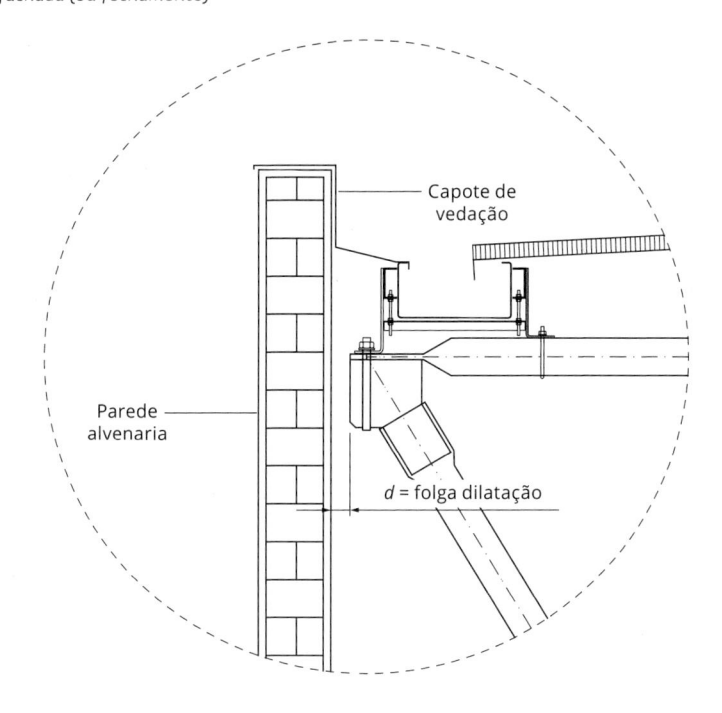

Fig. 16.8 Detalhe 5, muito semelhante ao detalhe 1. Nesse caso, vê-se a interface de uma estrutura espacial plana com uma parede externa da edificação. A distância d é necessária para permitir a livre dilatação da estrutura metálica. O capote deve possibilitar esse deslocamento

17
TRATAMENTOS SUPERFICIAIS E PINTURAS

Ginásio Dirceu Arcoverde, em Teresina (PI). Domo geodésico em alumínio em casca dupla com 80 m de diâmetro. Execução da Côncava Construções e projeto estrutural do autor. Inauguração no ano de 1994

17.1 Definição de corrosão

A corrosão de um elemento ou liga metálica é a transformação desse material, na presença de um meio indutor e geralmente com perda de massa, quando de sua interação química ou eletroquímica com elementos não metálicos presentes no meio ambiente, como os elementos ou compostos químicos O_2, S, H_2S e CO_2, entre outros, produzindo materiais semelhantes àqueles encontrados na natureza e dos quais foram ou poderiam ter sido extraídos.

Em outras palavras, a corrosão metálica é a volta do elemento a seu estado natural por liberação de energia e corresponde ao inverso dos processos metalúrgicos industriais, que obtêm os metais em estado puro por aquisição de energia. Esse é o conhecido *ciclo dos metais* (Fig. 17.1).

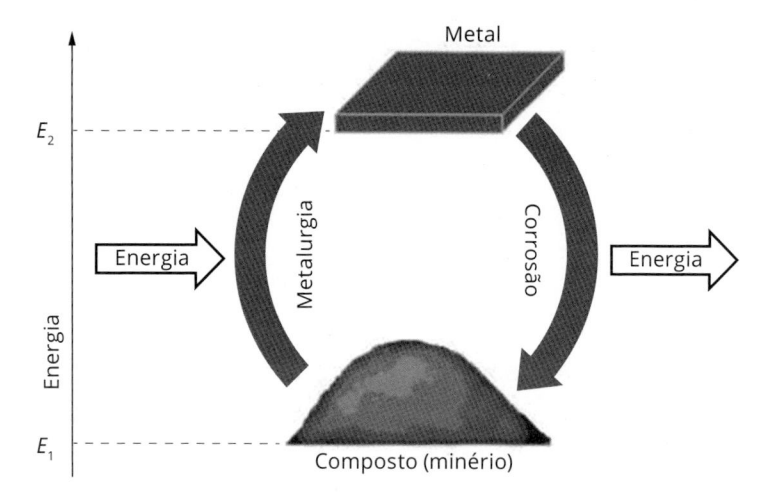

Fig. 17.1 *Ciclo dos metais*

O aparecimento de ferrugem em peças de ferro ou aço é um dos fenômenos mais conhecidos da corrosão. Um exemplo de peças acometidas por ferrugem é mostrado na Fig. 17.2.

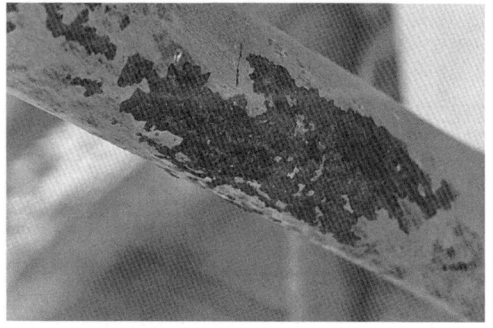

Fig. 17.2 *Peças de uma malha espacial em aço atingidas por extrema corrosão, na forma de ferrugem, em razão da ausência total de manutenção preventiva. Essa estrutura foi instalada em uma das maiores zonas de corrosão marinha do Brasil, em Fortaleza (CE), e foi dada como perda total*

Estima-se que 20% da produção mundial de aço é gasta em recuperação ou substituição de estruturas metálicas corroídas. Além dos prejuízos financeiros, a corrosão é uma das principais causas de falhas estruturais que levam à perda de inestimáveis vidas humanas. Assim sendo, é de suma importância a utilização de materiais e sistemas de proteção adequados, com a finalidade de minimizar esse problema.

As estruturas metálicas espaciais, diferentemente das demais estruturas convencionais, são compostas basicamente por dois tipos de peça: as barras e os nós (juntas). As barras de seção circular, por suas características geométricas, são menos propensas ao acúmulo de sujeiras do meio ambiente e à umidade, o que aumenta sua resistência à corrosão. Da mesma maneira, as juntas esféricas ou cilíndricas têm inigualável desempenho contra as mais diversas formas de agressividade do meio ambiente.

Os tipos mais comuns de corrosão nas peças das estruturas espaciais em aço são a corrosão uniforme, a corrosão por frestas, a corrosão por pites localizados e a corrosão galvânica, sendo esta última a mais perigosa para o caso de seções tubulares em alumínio.

A corrosão uniforme é a mais comum e atinge a peça inteira com a mesma intensidade e velocidade, causando danos por perda generalizada de massa ao longo do tempo. É provocada principalmente pela exposição do material ao meio ambiente natural.

A corrosão por frestas acontece em peças de pequeno volume localizadas em regiões confinadas ou de difícil acesso, onde a movimentação do ar é dificultada e a penetração de umidade, propícia. Pode aparecer em peças unidas por rebites ou parafusos e em cavidades de juntas entre duas peças, entre outras situações. Constitui um fenômeno localizado e que depende do estado do meio confinado.

A corrosão por pites (do inglês *pit*, que significa "cavidade", "buraco", "poço") é do tipo localizada e ocorre pelo aparecimento de furos na peça metálica devido à presença de cloretos no meio ambiente e à fragilidade do material inibidor de corrosão (Fig. 17.3).

Por fim, a corrosão galvânica, no caso de estruturas espaciais em alumínio, dá-se principalmente no contato entre as barras tubulares em alumínio e as juntas e parafusos em aço. O material corroído é o alumínio, e essa reação acontece pelo efeito de pilha, na presença de um eletrólito depositado entre os dois materiais.

No Quadro 17.1 são listadas as categorias de corrosividade do meio ambiente segundo a EN ISO 12944-2 (ISO, 2017a), com exemplos de ambientes em clima temperado.

Fig. 17.3 *Corrosão por pites em telhado de um ginásio de esportes em São Paulo (SP) sob ataque de atmosfera ácida, típica de área urbana. O telhamento foi dado como perda total e substituído*

Quadro 17.1 Categorias de corrosividade do meio ambiente

Categorias de corrosividade	Exemplos de ambientes típicos em climas temperados (apenas informativo)	
	Exterior	Interior
C1 – Muito baixa	–	Edifícios aquecidos, com atmosferas limpas (escritórios, lojas, escolas, hotéis)
C2 – Baixa	Atmosferas com baixo nível de poluição. Principalmente áreas rurais	Edifícios não aquecidos onde a condensação pode ocorrer (depósitos, pavilhões desportivos)
C3 – Média	Atmosferas urbanas e industriais com poluição moderada de SO_2. Áreas costeiras com baixa salinidade	Salas de produção com alta umidade e alguma poluição (instalações de processamento de alimentos, lavanderias, fábricas de cervejas e de laticínios)
C4 – Alta	Áreas industriais e áreas costeiras com elevada salinidade	Indústrias químicas, piscinas, estaleiros navais
C5 – Muito alta (industrial)	Áreas industriais com alta umidade e atmosfera agressiva	Edifícios e áreas com condensação quase permanente e com alta poluição
C5 – Muito alta (marítima)	Áreas costeiras e *offshore* com alta salinidade	Edifícios e áreas com condensação quase permanente e com alta poluição

Fonte: ISO (2017a).

O mapa da Fig. 17.4 indica pontualmente algumas capitais brasileiras e suas respectivas categorias de corrosividade ambiental.

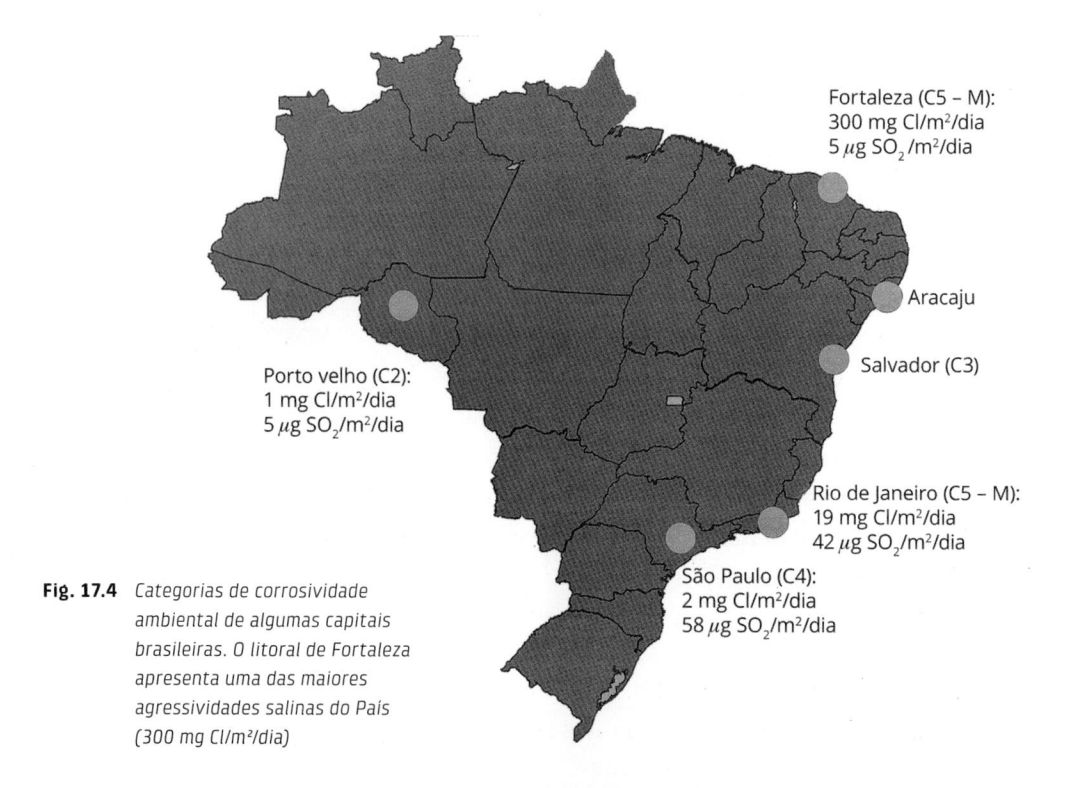

Fig. 17.4 *Categorias de corrosividade ambiental de algumas capitais brasileiras. O litoral de Fortaleza apresenta uma das maiores agressividades salinas do País (300 mg Cl/m²/dia)*

Fortaleza (C5 – M): 300 mg Cl/m^2/dia; 5 μg SO_2/m^2/dia

Aracaju

Porto velho (C2): 1 mg Cl/m^2/dia; 5 μg SO_2/m^2/dia

Salvador (C3)

Rio de Janeiro (C5 – M): 19 mg Cl/m^2/dia; 42 μg SO_2/m^2/dia

São Paulo (C4): 2 mg Cl/m^2/dia; 58 μg SO_2/m^2/dia

A Tab. 17.1 apresenta a perda de massa de peças em aço-carbono de acordo com o grau de corrosividade do ambiente.

Tab. 17.1 Perda de massa por corrosão

Categoria de corrosividade	Perda de massa por unidade de superfície/perda de espessura para aço de baixo carbono (após o primeiro ano de exposição)	
	Perda de massa (g m^{-2})	Perda de espessura (µm)
C1 – Muito baixa	≤ 10	≤ 1,3
C2 – Baixa	> 10 a 200	> 1,3 a 25
C3 – Média	> 200 a 400	> 25 a 50
C4 – Alta	> 400 a 650	> 50 a 80
C5 – Muito alta (industrial)	> 650 a 1.500	> 80 a 200
C5 – Muito alta (marítima)	> 650 a 1.500	> 80 a 200

De acordo com as normas da American Society for Testing and Materials (ASTM) e do Steel Structures Painting Council (SSPC), são considerados os seguintes padrões de grau de corrosão:
- A – superfície com carepa de laminação ainda intacta;
- B – superfície com carepa de laminação se destacando e com presença de ferrugem em qualquer proporção;
- C – superfície com corrosão generalizada e sem carepa;
- D – superfície com corrosão generalizada contendo pontos profundos de corrosão (pites).

17.2 Prevenção da corrosão

Há várias maneiras de evitar ou minimizar o processo de corrosão em peças de estruturas metálicas. Os principais tratamentos superficiais recomendados para a proteção de estruturas espaciais são:
- pintura de banzos, diagonais e demais peças secundárias; juntas, consoles e parafusos galvanizados a fogo – para estruturas em aço;
- banzos, diagonais e demais peças secundárias + juntas, consoles e parafusos galvanizados a fogo – para estruturas em aço;
- banzos, diagonais e demais peças secundárias em alumínio estrutural + juntas, consoles e parafusos galvanizados a fogo – para estruturas em alumínio.

Além do tratamento superficial (onde se inclui o uso do alumínio para os perfis tubulares), que é sem dúvida o procedimento mais importante para a durabilidade das estruturas espaciais, o detalhamento das próprias ligações ou juntas também tem papel essencial.

A EN ISO 12944-3 (ISO, 2017b) cita certos critérios básicos de projeto para um bom desempenho em face da corrosão:
- acessibilidade para inspeção e manutenção das peças;
- selagem de locais onde possa haver a retenção de líquidos, umidades ou sujeiras;
- chapas com arestas arredondadas, bem como cuidado com entalhes e chanfros;
- soldas sem descontinuidades e sem fissuras;
- cuidados especiais com o tipo e o aperto dos parafusos;
- fechamento das bocas dos elementos em caixa ou tubos;
- disposição de furos de drenagem em locais onde haja a possibilidade de acúmulo de líquidos;
- prevenção contra a corrosão galvânica, principalmente entre materiais dissimilares (aço e alumínio, por exemplo);
- atenção no manuseio, no transporte e na montagem quanto aos danos na proteção superficial.

17.3 Preparo das superfícies e pintura

A pintura é a forma mais comum de proteção superficial dos materiais em aço de uma estrutura espacial. Não obstante, o esquema de pintura mais adequado para a durabilidade pretendida depende do local onde essa estrutura será instalada. Durante a fase de projeto, devem ser levantadas algumas questões básicas:
- Qual será o tratamento prévio possível e qual será a condição do substrato antes da pintura?
- Como o ambiente ao redor da estrutura mudará ao longo do tempo?
- A que tipo de danos mecânicos e químicos o sistema de proteção estará exposto?
- Quais serão as condições de aplicação e secagem/endurecimento da tinta, particularmente a temperatura e a umidade?
- Quais serão os custos de compra, aplicação e manutenção da tinta?

Adicionalmente, o preparo das superfícies tem relevante importância no desempenho do esquema de pintura para um determinado material de estrutura. Esse preparo tem dois objetivos principais, a limpeza superficial e a ancoragem mecânica.

Para a limpeza superficial, deve-se promover a remoção de gorduras e óleos, pós em geral, carepas de laminação, respingos de solda, ferrugens, materiais aderentes antigos ou outros materiais que impeçam o contato direto da tinta com o substrato a ser pintado. Já para a ancoragem mecânica, é necessário aumentar a rugosidade da superfície e, consequentemente, a área de contato do substrato com a tinta, a fim de permitir maior grau de aderência entre eles.

A seguir são transcritos os diversos graus de limpeza que podem ser aplicados quando da pintura de estruturas espaciais em tubos de aço (ISO, 2007):

- St 2: limpeza manual mediante o uso de escovas, raspadores, lixas, palhas de aço e outras ferramentas manuais.
- St 3: limpeza mecânica mediante o uso de escovas rotativas, pneumáticas ou elétricas, pistola de pinos e outras ferramentas mecanizadas.
- Sa 1: limpeza obtida por meio de jato ligeiro (*brush off*). A superfície resultante deve encontrar-se inteiramente livre de óleos, graxas e materiais soltos como carepa, tinta e ferrugem. É possível que carepa e ferrugem remanescentes permaneçam, desde que firmemente aderidas. O jato abrasivo deve ser aplicado ao metal por tempo suficiente para expor o metal-base em vários pontos da superfície sob a camada de carepa.
- Sa 2: limpeza obtida por meio de jato comercial. Pelo menos dois terços da superfície resultante deve estar isenta de resíduos visíveis, como manchas e pequenos resíduos provenientes de ferrugem, carepa e tinta.
- Sa 2 ½: limpeza obtida por meio de jato ao metal quase branco. Pelo menos 95% da superfície resultante deve estar livre de óleo, graxa, carepa, ferrugem, tinta e outros materiais. A área restante pode apresentar pequenas manchas claras devidas a resíduos de ferrugem, carepa e tinta.
- Sa 3: limpeza obtida por meio de jato ao metal branco. A superfície resultante deve estar 100% livre de óleo, graxa, carepa, tinta, ferrugem e qualquer outro resíduo. O aço deve exibir cor metálica uniforme, branco-acinzentada.

Deve-se salientar que, em alguns casos, antes da aplicação de qualquer um desses padrões de limpeza, as peças em aço podem necessitar de lavagem com água e tensoativo (detergente) neutro, com esfregamento por escova de *nylon* e posterior secagem, para remoção de óleos, gorduras e sais das superfícies.

17.4 Tipos de tinta

De modo geral, as tintas podem ser de base ou fundo (*primers*), intermediárias e de acabamento.

As tintas de fundo, além de promoverem a ancoragem no substrato, têm a função principal de inibir a corrosão. Contêm pigmentos anticorrosivos e, dependendo da composição química de seu pigmento, são denominadas genericamente de zarcão, fosfato de zinco, zinco metálico, cromato de zinco, óxido de ferro etc.

Por outro lado, levando em consideração o tipo de resina onde esses pigmentos são dispersos, as tintas se classificam ainda em alquídicas, epoxídicas (bicomponente), poliuretânicas (bicomponente) e acrílicas.

As tintas intermediárias auxiliam no combate à corrosão pelo aumento da camada final de película seca. Por fim, as tintas de acabamento têm a função de proteger o sistema de pintura como um todo, bem como conferem cor e brilho às peças pintadas. Apresentam resistência adicional ao intemperismo e possuem aditivos de proteção da cor contra a ação dos raios ultravioleta do Sol.

Com base no manual de pintura do Instituto Aço Brasil e do Centro Brasileiro da Construção em Aço (IAB; CBCA, 2006) e em atendimento à EN ISO 12944-5 (ISO, 2019), são apresentados na Tab. 17.2 alguns esquemas de pintura para diversos graus de corrosividade ambiental. Esses esquemas foram baseados em limpeza superficial de pelo menos Sa 2 ½, com durabilidade prevista de 15 anos, com manutenções preventivas.

Tab. 17.2 Esquemas de pintura para cada tipo de ambiente corrosivo

	Exemplos de ambiente	Tinta de fundo e espessura	Tinta intermediária e acabamento	Espessura total de película seca
1	Atmosferas com baixo nível de poluição. A maior parte das áreas rurais.	Epoxídica $e = 80$ μm	Poliuretano acrílico alifático $e = 80$ μm	$e_t = 160$ μm
2	Atmosferas urbanas e industriais com poluição moderada por SO_2. Áreas costeiras com baixa salinidade.	Epoxídica $e = 80$ μm	Epoxídica $e = 80$ μm Poliuretano acrílico alifático $e = 80$ μm	$e_t = 240$ μm
3	Áreas industriais com salinidade moderada.	Epoxídica $e = 80$ μm	Epoxídica $e = 120$ μm Poliuretano acrílico alifático $e = 80$ μm	$e_t = 280$ μm
4	Áreas industriais com alta umidade e atmosfera agressiva.	Epoxídica $e = 80$ μm	Epoxídica $e = 160$ μm Poliuretano acrílico alifático $e = 80$ μm	$e_t = 320$ μm
5	Áreas industriais e *offshore* com alta salinidade.	Epoxídica $e = 80$ μm	Epoxídica $e = 160$ μm Poliuretano acrílico alifático $e = 80$ μm	$e_t = 320$ μm

Fonte: IAB e CBCA (2006).

17.5 Galvanização

A galvanização é um processo metalúrgico de revestimento de peças em ferro ou aço usando-se zinco metálico ou em liga, de forma a torná-las resistentes à corrosão ambiental (Fig. 17.5). Nesse processo, o zinco, metal menos nobre que o ferro e o aço na cadeia galvânica, em contato com o oxigênio, sofre processo corrosivo (cede elétrons e, por isso, é chamado também de ânodo de sacrifício), deixando a superfície do substrato intacta.

Fig. 17.5 *Tubos galvanizados industrialmente*

Em se tratando de estruturas espaciais em aço, isto é, cujas peças dos banzos e das diagonais são perfis tubulares em aço, o processo de galvanização mais utilizado e eficaz é aquele por imersão das peças em zinco fundido a 450 °C (*hot-dip galvanizing*), também conhecido como galvanização a quente ou ainda galvanização a fogo. Essa temperatura garante uma aderência total do zinco ao aço por processo reativo químico, formando uma liga do tipo Zn/Fe em toda a superfície externa das peças metálicas.

A galvanização a fogo das peças em aço para estruturas espaciais apresenta algumas vantagens, como ter custo competitivo, dependendo do rigor exigido pela pintura, e possuir grande durabilidade, com expectativa de vida útil superior a 25 anos antes da manutenção, já que o revestimento é aplicado externa e internamente em toda a superfície da peça, no caso de tubos.

Além disso, se realizado na própria fábrica, o processo é tão simples quanto a pintura e mais rápido, não sendo dependente das condições de umidade do ambiente. O banho por imersão dá às peças um acabamento uniforme arquitetonicamente agradável, e elas podem receber ainda pintura adicional, caso em que há aumento dos custos finais.

Via de regra, os banzos ou as diagonais de estruturas espaciais em aço podem ter comprimentos máximos de 6 m, enquanto as juntas possuem diâmetro circunscrito máximo de cerca de 60 cm. Assim sendo, a galvanização a quente de peças de estruturas espaciais fica extremamente facilitada, exigindo cubas de galvanização pequenas, se comparadas com as das estruturas treliçadas convencionais. Normalmente, em empresas especializadas nessa técnica, as cubas podem ter até 13 m de comprimento, com profundidade de 1 m a 1,2 m.

As peças a receberem galvanização a fogo necessitam passar pelo seguinte tratamento superficial:
- limpeza alcalina → lavagem;
- decapagem química → lavagem;
- aplicação de fluxante → secagem;
- galvanização;
- resfriamento → inspeção.

Alternativamente, as peças podem ser limpas e depois jateadas com granalhas de aço, no padrão Sa 2, ampliando de modo significativo a rugosidade das superfícies, com o consequente aumento da camada de zinco em até 50%.

A galvanização a quente encontra-se regulamentada pelas normas ISO 1461 (ISO, 2022), ISO 10684 (ISO, 2004), EN 10240 (CEN, 1997) e EN 10346 (CEN, 2015).

17.6 Alumínio e resistência à corrosão

O pó de alumínio é um material altamente reativo com o oxigênio, chegando a ser explosivo na presença de uma fonte de ignição fortuita. Devido a essa característica, ele é empregado em fogos de artifício e em artefatos militares explosivos. Disso se pode concluir que o alumínio em si é um elemento que, exposto ao ambiente, sofre processo corrosivo acelerado, o que é verdade.

Entretanto, o processo de oxidação de uma peça de alumínio, que se manifesta imediatamente após sua exposição à atmosfera ou à água, gera um filme superficial (óxido do tipo Al_2O_3) autorregenerativo, altamente tenaz, compacto e resistente, que protege o substrato original de posteriores oxidações. Isso faz desse metal um material estrutural de durabilidade "infinita".

A maior parte das ligas de alumínio apresenta boa resistência à corrosão diante de atmosferas naturais, água fresca, água do mar, muitos solos e substâncias químicas, bem como diante da maioria dos alimentos. Chapas desse metal, mesmo as mais finas, são capazes de resistir à perfuração por pites. Por outro lado, uma superfície de alumínio pode não ser atraente em razão da aspereza ou do enrugamento causado pela presença de pites de corrosão localizada, ou mesmo em virtude de tornar-se fosca ou escura pela retenção de sujeira. Esse fenômeno, sendo superficial e suave, não apresenta nenhum efeito em termos de durabilidade ou resistência do produto. Muitas vezes, essa aparência indesejada pode ser removida por simples lavagem com água e detergente neutro, com algum esfregamento.

17.6.1 Emprego em peças tubulares de estruturas espaciais

Graças à sua grande capacidade de resistência à corrosão, as seções tubulares circulares em alumínio são fortemente utilizadas no Brasil, com bastante sucesso e economia.

Com mais de 45 anos de experiência na área, este autor tem projetado estruturas espaciais em alumínio em alternativa às similares em aço, sendo seus custos equivalentes, principalmente quando se levam em conta os aspectos de meio ambiente muito agressivo, pintura muito rigorosa ou galvanização como tratamento superficial, dificuldade ou ausência de manutenção e durabilidade acima de 50 anos.

17.6.2 Corrosão galvânica

Deve-se entender que a durabilidade de um organismo é proporcional à durabilidade de seu órgão mais fraco. Nesse sentido, para assegurar a boa resistência à corrosão de uma estrutura espacial em alumínio, é preciso certificar-se de que suas juntas em aço tenham também grande resistência à intempérie local, bem como seja impedida a corrosão galvânica em todas as interfaces de ligação entre esses dois materiais dissimilares, o alumínio e o aço. Na Fig. 17.6 ilustra-se um chumbador em estado de corrosão.

Para que ocorra a corrosão galvânica entre as peças tubulares em alumínio e as juntas com os respectivos parafusos em aço, além do contato físico entre os dois materiais, deve haver ainda a presença de um eletrólito com boa condutividade entre eles. Ambientes secos e protegidos, ou em regiões rurais, apresentam menores chances de aparecimento desse tipo de corrosão. Ao contrário, zonas costeiras sujeitas a ventos constantes são bastante propícias a seu surgimento.

Fig. 17.6 *Aspecto de um chumbador em estado de corrosão*

17.6.3 Proteção, tratamento superficial e pintura

As estruturas espaciais em alumínio devem ter suas partes protegidas da seguinte maneira:
- perfis tubulares de banzos e diagonais, bem como terças e acessórios, fabricados e oferecidos em alumínio liga 6351-T6, por exemplo, com acabamento natural como de fábrica;

- juntas de ligação e consoles em aço patinável, com galvanização a fogo (e posterior pintura para maior durabilidade e isolamento);
- parafusos em aço, com galvanização a fogo, bicromatização e fixação com arruelas adicionais de teflon ou similar.

Alternativamente, para melhor aparência e maior resistência aos pites, os tubos podem receber pintura.

As peças em alumínio não necessitam ser jateadas antes de serem pintadas, pois, devido a seu diferente processo produtivo, não contêm as mesmas impurezas das peças em aço, ou ainda, em decorrência da adoção de peças com paredes finas ou da menor dureza do alumínio, podem não resistir ao impacto da pressão do jato.

O seguinte tratamento deve ser aplicado às peças a serem pintadas:
- limpeza e desengorduramento ou retirada de óleos da extrusão com água e detergente neutro;
- se necessário, lixamento para remoção de sujeiras mais resistentes e aumento da rugosidade da peça;
- lavagem e secagem ao natural;
- aplicação de *primer* de aderência a materiais não ferrosos – *wash primer*;
- aplicação da tinta de acabamento.

O *wash primer* é uma tinta de fundo bicomponente (uma das partes é o catalisador) que promove a aderência da tinta de acabamento a materiais não ferrosos. Após ser utilizado, deixa uma cor amarelada no alumínio. Deve-se aplicar uma camada fina desse produto, apenas para cobrir a superfície.

REFERÊNCIAS BIBLIOGRÁFICAS

ABNT – ASSOCIAÇÃO BRASILEIRA DE NORMAS TÉCNICAS. NBR 5008: bobinas e chapas grossas laminadas a quente, de aço de baixa liga e alta resistência, resistentes à corrosão atmosférica, para uso estrutural – requisitos. Rio de Janeiro, 2015a.

ABNT – ASSOCIAÇÃO BRASILEIRA DE NORMAS TÉCNICAS. NBR 5920: bobinas e chapas finas laminadas a frio, de aços de baixa liga e alta resistência, resistentes à corrosão atmosférica, para uso estrutural – requisitos e ensaios. Rio de Janeiro, 2015b.

ABNT – ASSOCIAÇÃO BRASILEIRA DE NORMAS TÉCNICAS. NBR 5921: bobinas e chapas finas laminadas a quente, de aços de baixa liga e alta resistência, resistentes à corrosão atmosférica, para uso estrutural – requisitos e ensaios. Rio de Janeiro, 2015c.

ABNT – ASSOCIAÇÃO BRASILEIRA DE NORMAS TÉCNICAS. NBR 6118: projeto de estruturas de concreto – procedimento. Rio de Janeiro, 2014.

ABNT – ASSOCIAÇÃO BRASILEIRA DE NORMAS TÉCNICAS. NBR 6120: ações para o cálculo de estruturas de edificações. Rio de Janeiro: ABNT, 2019.

ABNT – ASSOCIAÇÃO BRASILEIRA DE NORMAS TÉCNICAS. NBR 6123: forças devidas ao vento em edificações. Rio de Janeiro: ABNT, 1988.

ABNT – ASSOCIAÇÃO BRASILEIRA DE NORMAS TÉCNICAS. NBR 7007: aços-carbono e aços microligados para barras e perfis laminados a quente para uso estrutural – requisitos. Rio de Janeiro, 2022a.

ABNT – ASSOCIAÇÃO BRASILEIRA DE NORMAS TÉCNICAS. NBR 8681: ações e segurança nas estruturas – procedimento. Rio de Janeiro: ABNT, 2003.

ABNT – ASSOCIAÇÃO BRASILEIRA DE NORMAS TÉCNICAS. NBR 8800: projeto de estruturas de aço e de estruturas mistas de aço e concreto de edifícios. Rio de Janeiro: ABNT, 2008.

ABNT – ASSOCIAÇÃO BRASILEIRA DE NORMAS TÉCNICAS. NBR 14513: telhas de aço de seção ondulada e trapezoidal – requisitos. Rio de Janeiro: ABNT, 2022b.

AISC – AMERICAN INSTITUTE OF STEEL CONSTRUCTION. ANSI/AISC 360-05: Specification for Structural Steel Buildings. Chicago: AISC, 2005.

AISC – AMERICAN INSTITUTE OF STEEL CONSTRUCTION. *Manual of Steel Construction*: Allowable Stress Design (AISC 316-89). Chicago: AISC, 1989.

ALCAN. *Strength of Aluminum*. Canada: Alcan, 1973.

ALUMINUM ASSOCIATION. *Aluminum Design Manual 2005*. Arlington, VA: Aluminum Association, 2005.

ASTM – AMERICAN SOCIETY FOR TESTING AND MATERIALS. ASTM A194/A194M: Standard Specification for Carbon Steel, Alloy Steel, and Stainless Steel Nuts for Bolts for High Pressure or High Temperature Service, or Both. ASTM, 2022a.

ASTM – AMERICAN SOCIETY FOR TESTING AND MATERIALS. ASTM A242/A242M: Standard Specification for High-Strength Low-Alloy Structural Steel. ASTM, 2018a.

ASTM – AMERICAN SOCIETY FOR TESTING AND MATERIALS. ASTM A307: Standard Specification for Carbon Steel Bolts, Studs, and Threaded Rod 60 000 PSI Tensile Strength. ASTM, 2021a.

ASTM – AMERICAN SOCIETY FOR TESTING AND MATERIALS. ASTM A325: Standard Specification for Structural Bolts, Steel, Heat Treated, 120/105 ksi Minimum Tensile Strength. ASTM, 2014.

ASTM – AMERICAN SOCIETY FOR TESTING AND MATERIALS. ASTM A563/A563M: Standard Specification for Carbon and Alloy Steel Nuts (Inch and Metric). ASTM, 2021b.

ASTM – AMERICAN SOCIETY FOR TESTING AND MATERIALS. ASTM A588/A588M: Standard Specification for High-Strength Low-Alloy Structural Steel, up to 50 ksi [345 MPa] Minimum Yield Point, with Atmospheric Corrosion Resistance. ASTM, 2019a.

ASTM – AMERICAN SOCIETY FOR TESTING AND MATERIALS. ASTM A606/A606M: Standard Specification for Steel, Sheet and Strip, High-Strength, Low-Alloy, Hot-Rolled and Cold-Rolled, with Improved Atmospheric Corrosion Resistance. ASTM, 2018b.

ASTM – AMERICAN SOCIETY FOR TESTING AND MATERIALS. ASTM A709/A709M: Standard Specification for Structural Steel for Bridges. ASTM, 2021c.

ASTM – AMERICAN SOCIETY FOR TESTING AND MATERIALS. ASTM A792/A792M: Standard Specification for Steel Sheet, 55% Aluminum-Zinc Alloy-Coated by the Hot-Dip Process. ASTM, 2022b.

ASTM – AMERICAN SOCIETY FOR TESTING AND MATERIALS. A852/A852M: Standard Specification for Quenched and Tempered Low-Alloy Structural Steel Plate with 70 ksi [485 MPa] Minimum Yield Strength to 4 in. [100 mm] Thick. ASTM, 2007.

ASTM – AMERICAN SOCIETY FOR TESTING AND MATERIALS. ASTM A871/A871M: Standard Specification for High-Strength Low-Alloy Structural Steel Plate With Atmospheric Corrosion Resistance. ASTM, 2020.

ASTM – AMERICAN SOCIETY FOR TESTING AND MATERIALS. ASTM C907: Standard Test Method for Tensile Adhesive Strength of Preformed Tape Sealants by Disk Method. ASTM, 2017.

ASTM – AMERICAN SOCIETY FOR TESTING AND MATERIALS. ASTM C908: Standard Test Method for Yield Strength of Preformed Tape Sealants. ASTM, 2015.

ASTM – AMERICAN SOCIETY FOR TESTING AND MATERIALS. ASTM F436/F436M: Standard Specification for Hardened Steel Washers Inch and Metric Dimensions. ASTM, 2019b.

CBCA – CENTRO BRASILEIRO DA CONSTRUÇÃO EM AÇO. *Construção em aço e sustentabilidade*. [20--]. Disponível em: https://www.cbca-acobrasil.org.br/site/acos-estruturais.php. Acesso em: 2 fev. 2023.

CEN – EUROPEAN COMMITTEE FOR STANDARDIZATION. EN 10240: Internal and/or external protective coatings for steel tubes – Specification for Hot Dip Galvanized Coatings Applied in Automatic Plants. Brussels: CEN, 1997.

CEN – EUROPEAN COMMITTEE FOR STANDARDIZATION. EN 10346: Continuously hot-dip coated steel flat products for cold forming – Technical delivery conditions. Brussels: CEN, 2015.

IAB – INSTITUTO AÇO BRASIL; CBCA – CENTRO BRASILEIRO DA CONSTRUÇÃO EM AÇO. *Tratamento de superfície e pintura*. 2. ed. Rio de Janeiro, 2006.

ICC – INTERNATIONAL CODE COUNCIL. *International Building Code 2000*. USA: ICC, 2000.

ISO – INTERNATIONAL ORGANIZATION FOR STANDARDIZATION. EN ISO 12944-2: Paints and varnishes – Corrosion protection of steel structures by protective paint systems – Part 2: Classification of environments. Geneva: ISO, 2017a.

ISO – INTERNATIONAL ORGANIZATION FOR STANDARDIZATION. EN ISO 12944-3: Paints and varnishes – Corrosion protection of steel structures by protective paint systems – Part 3: Design considerations. Geneva: ISO, 2017b.

ISO – INTERNATIONAL ORGANIZATION FOR STANDARDIZATION. EN ISO 12944-5: Paints and varnishes – Corrosion protection of steel structures by protective paint systems – Part 5: Protective paint systems. Geneva: ISO, 2019.

ISO – INTERNATIONAL ORGANIZATION FOR STANDARDIZATION. *ISO 1461:* Hot dip galvanized coatings on fabricated iron and steel articles – Specifications and test methods. Geneva: ISO, 2022.

ISO – INTERNATIONAL ORGANIZATION FOR STANDARDIZATION. *ISO 8501-1:* Preparation of steel substrates before application of paints and related products – Visual assessment of surface cleanliness – Part 1: Rust grades and preparation grades of uncoated steel substrates and of steel substrates after overall removal of previous coatings. Geneva: ISO, 2007.

ISO – INTERNATIONAL ORGANIZATION FOR STANDARDIZATION. *ISO 10684:* Fasteners Hot dip galvanized coatings. Geneva: ISO, 2004.

MAKOWSKI, Z. S. *Constructions Spatiales en Acier.* Bruxelles: Centre Belgo-Luxembourgeois d'Information de l'Acier, 1964.

McGRAW-HILL Encyclopedia of Science and Technology. 11th ed. New York: McGraw-Hill, 2012.

TPIC – TRUSS PLATE INSTITUTE OF CANADA. *Truss Design Procedures and Specifications for Light Metal Plate Connected Wood Trusses:* Limit States Design. Canada: TPIC, Dec. 1996.

WRIGHT, D. Membrane Forces and Buckling in Reticulated Shells. *Journal of the Structural Division,* American Society of Civil Engineers, 1965.